酒泉李光桃优质高效栽培技术

JIUQUAN LIGUANGTAO YOUZHI GAOXIAO ZAIPEI JISHU

酒泉市林果服务中心　编

中国农业出版社
北　京

内容说明 NEIRONG SHUOMING

本书是在大量调查研究和生产实践的基础上，参考国内果树专业有关资料编写而成的。重点对西北特有的酒泉李光桃这一油桃资源及优质高效栽培技术包括品种选择、建园、土壤管理、树体管理、病虫害防控、果实采摘、加工、贮藏进行了系统介绍。本书可供桃专业研究人员、教学人员、科技工作者和生产者参考。

《酒泉李光桃优质高效栽培技术》
编　委　会

序
PREFACE

近年来，随着甘肃省现代丝路寒旱农业战略的深入实施，作为全省“牛羊果蔬薯药”六大产业之一和酒泉市六大特色产业之一的特色林果产业得到快速健康发展。敦煌葡萄、敦煌李广杏、瓜州枸杞等地理标志产品成功入选首批“甘味”知名农产品品牌名录，成为酒泉乃至甘肃特色农产品的一张张亮丽名片。与此同时，酒泉李光桃作为地方独特的品种资源也受到广大群众青睐，栽培面积迅速扩大，产业基地基本形成。

酒泉市地处河西走廊西端，属蒙新落叶果树带，是油桃重要原产地和油桃向中亚、西亚传播的必经之地。研究发现，酒泉地区李光桃种质资源极其丰富，栽培历史悠久，分布区域广泛，经上百年的自然选择、人工选育形成了品系复杂的李光桃品种群，已发现可利用的李光桃优质品种就有40多个，这些类型在果实品质、丰产性、抗逆性等方面都有突出表现。其果皮光滑无毛、风味佳、品质优、食用方便、深受消费者和生产者喜爱，已成为闻名遐迩的地方名、优、特果品。

李光桃耐寒、耐旱、抗病虫能力强，丰产性好，果实风味品质佳，大多品种成熟期较晚，能有效避开国内油桃主产区的上市高峰，供不应求，售价高，经济效益显著。截至2019年，酒泉市李光桃栽培面积达万余亩*，亩均效益达万余元。酒泉市

* 亩为非法定计量单位，1亩≈667m^2，下同。——编者注。

林果服务中心（酒泉林业科学研究所）通过多年研究，对酒泉市李光桃种质资源进行详细调查和选优开发，历经15年杂交选育出酒育红光1号、酒香1号李光桃中、晚熟品种各1个，各级技术人员致力于李光桃优质高效栽培技术示范推广，尤其是“酒泉李光桃良种繁育及优质高效栽培技术示范推广”中央财政林业科技示范资金项目实施以来，在一定程度上解决了李光桃良种苗木奇缺和标准化栽培技术普及推广不到位的问题，为李光桃这一特色产业的发展做了大量卓有成效的工作。项目组人员结合丰富的实践经验，查阅大量资料，几经整理修改，历时一年，将多年李光桃研究的成果和项目实施中的成熟技术总结成书，实为幸事。我坚信，本书的出版不仅是促进李光桃产业高质量发展的技术指南，也将为李光桃优良品种推广和种质资源开发做出重要贡献。

借该书出版之机，我乐为作序并表示祝贺。

朱更瑞

2020年10月

前言
FOREWORD

桃树是酒泉市自古栽培的树种。其中，李光桃备受桃农的偏爱。酒泉地区李光桃种质资源极其丰富，该资源属于油桃古老资源，分布区域广，栽培历史早，规模栽培至少有 100 年的历史。农耕区海拔 1 000～1 800m，年日照时数 3 033.4～3 316.5h，年平均气温 5.5～9.3℃，无霜期 138～148d，稳定通过 5℃的年活动积温为 2 902～3 934℃，平均日较差 14～17℃，年降水量 57～75mm，年蒸发量 2 149～3 141mm，是典型的温带大陆性气候，昼夜温差大，夏季干燥，很适合李光桃生长。李光桃是当地老百姓对酒泉本地油桃的统称，在酒泉自然条件和栽培条件长期影响下，酒泉市李光桃形成了众多的栽培类型（农家品种）。通常认为酒泉李光桃分属普通油桃（*Amygdalus persica* L. var. *nucipersica* L.）、新疆油桃（*Amygdalus ferganensis* Yuet Lu. var. *laevis* Y. Z.）和一个蟠桃变异类型李光蟠桃（*Amygdalus persica* L. var. *compressa* Bean f. *glabra* Y. Z.）。酒泉李光桃资源类型复杂，种群、类群、品系多样，有扁平油桃、紫圆肉桃、大紫圆桃、麻紫圆桃、紫胭桃、李光肉桃、李光蟠桃等，这些类型在果实品质、丰产性、抗逆性等方面都有突出表现，是十分珍贵的种质资源。这些栽培类型对当地自然条件适应性强，经济性状符合当地消费要求。酒泉油桃种类、品种广泛，其中有许多珍贵的优良品种资源，其无论在丰产性、抗性、果实风味品质、成熟期等方面都表现出良好的遗传优势和性状。经过市场和栽培者的选择，逐渐形成了以农家优选品系为主栽品种的李光桃栽培体系，品种约10种。经调查发现可利用的李光桃品种资源就有100多个。随着李光桃果品市场的走俏，售价高达5～10元/kg，尤其是中秋前后的优质李光桃供不应求、甚为抢手，经济效益显著。同时李光桃耐寒、耐旱、抗病虫能力强，适应性强，栽培技术要求不高，丰产性好，宜生产，宜推广，生产成本低，产业运作压力小。许多李光桃品种成熟期晚，一般在9月中旬成熟，届时国内产区的大部分油桃已退出市场，若大量推广栽培，市场前景广阔。

近年来，由于本地油桃产业效益较好，果品风味独特，深受消费者喜爱。酒泉市林业科学研究所通过多次项目对酒泉市当地李光桃种质资源进行详细调查和选优开发，目前已选优推广的有大青皮、小青皮、李光水桃、酒香1号、酒育红光1号、甜干桃等品种。截至2019年，酒泉市李光桃栽培面积已达10 000多亩，亩均效益达1万元左右，许多农户争相发展李光桃，良种苗木奇缺。另外，在栽培技术方面还存在许多问题，一是随着李光桃栽培面积的不断扩大，桃园管理水平参差不齐，一致性较差，缺乏科学施肥、浇水、修剪等统一性和规范性标准，出现了平均单产过低时无收益、平均单产过高时优质果率低收益仍低、产后处理能力弱等问题，影响了李光桃的整体质量和市场竞争力；二是由于李光桃栽培管理水平低，导致优良品种的优良特性表达不完全；三是绿色、无公害标准化生产程度较低；四是在李光桃优质高效栽培管理中关键技术应用率不高，关键点掌握不准，在很大程度上影响了酒泉市李光桃的健康可持续发展。针对以上问题，酒泉市林果服务中心纂写了《酒泉李光桃优质高效栽培技术》，全书共设九章，第一章酒泉李光桃种质资源概况由刘志虎编写，第二章李光桃的特性由杨波编写，第三章李光桃育苗技术由刘建明编写，第四章李光桃建园技术由王晓桃编写，第五章李光桃优质高效栽培管理技术由王建民编写，第六章李光桃整形与修剪由李锋编写，第七章李光桃病虫害防治由冯建森编写，第八章李光桃果实采摘、分级、贮运由柴博编写，第九章李光桃设施栽培由马寿鹏编写。邹佳辉负责组织协调编写工作，乔世春负责组织校稿工作。

因水平有限，疏漏和错误之处在所难免，衷心希望读者批评指正。

编　者

2020年10月

目录 CONTENTS

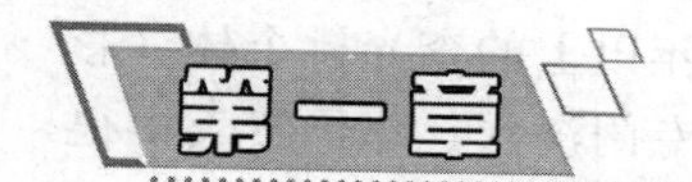

第一章 酒泉李光桃种质资源概况

第一节 酒泉市李光桃起源分布演化分类

李光桃（*Amygdalus persica* L. var. *nucipersica* L.）是酒泉市古老的地方油桃品种，种质资源丰富，分布区域广，栽培历史早。从地理位置上讲，酒泉市属蒙新落叶果树带，是桃由中国向中亚西亚传播的必经之地，也是李光桃种质资源保存和传播的重要地带，从气候条件上分析，酒泉市属中温带气候带，蒙甘气候区，十分适宜李光桃的栽培和发展。

桃属于蔷薇科（Rosaceae）李属（*Prunus*）桃亚属植物。酒泉市是桃重要原产地，是桃由中国向波斯传播的必经之地。其中酒泉李光桃是油桃资源中的一系列古老资源，是酒泉市当地的名优林果产品。经过多年的调查，认为酒泉地区桃种质资源丰富，分布区域广，栽培历史早。在长期的人工选择和自然选择中，许多资源已经丢失，但仍遗留保存了许多珍贵桃资源。其分属普通油桃变种、新疆油桃变种以及一个蟠桃变异类型等种类。品系类型有扁平油桃、紫胭肉桃、大紫圆桃、麻紫圆桃、李光肉桃、李光水桃、李光蟠桃、黄李光桃、红李光桃、青皮桃、小李光桃等。酒泉的油桃还存在各种间过渡类型，品系极其复杂。酒泉市李光桃种质资源适应酒泉地区的生态及自然环境，种群遗传力强，可以作高树龄、晚熟、抗旱、耐寒冷、抗虫的育种材料，同时也是保持桃传统优良风味品质的育种材料。栽培上可用作经济田园树种，又可用作生态绿化树种和园林观赏树种，是很好的种质资源材料。其中不乏许多特别的品系，比如树高达 6m 以上，树龄达 50 年以上的李光桃个体（彩图 1）；有生长在地埂上，一年四季不需专门浇水，却仍然长得很好的极耐旱个体；果实有极酸的个体，有风味酸甜适口的个体，亦有很苦的个体等。已发现和确定可利用的李光桃优质品种就有 40 多个，被当地果农少量栽培的有 20 多个类型。另外酒泉市桃种类还有普通桃、新疆桃、冬桃、毛蟠桃以及引进的许多桃品种。

近年来又引入了水蜜桃系、油桃系、蟠桃系等各类品种 50 多个。从山东省果树研究所引进 61、玉妃；从山东平邑县引进金黄后、83、锦绣黄桃、沂蒙霜红、大红桃；从北京市农林科学院林业果树研究所引进晚蜜、43、55、瑞光 28、华玉等；从新疆呼图壁引进油蟠桃、黄金蜜蟠桃、大红毛蟠桃、晚蟠桃；从中国农业科学院郑州果树研究所引进早金辉、早油 4 号、郑 9－37、金辉、金硕、南方金蜜、双喜红、金宝、中油 5 号、中油 4 号、中油 8 号等；从陕西省果树研究所引进沙红桃；从河北昌黎引进春雪桃；从甘肃省农业科学院林果花卉研究所引进陇油桃 1 号、陇蜜 1 号、筑波 84、岗山白、甜油桃等。

经过多年的考察，并通过实地普查资源、查询历史资料、考证种质资源，在收集大量资料基础上，首次对酒泉市李光桃资源的起源、分布、演化规律进行了考证，认为酒泉市是李光桃起源演化中心之一，也是李光桃的遗传多样性中心。在上百年的栽培中，经过自然选择和人工选择形成了多种多样又比较优良的品种群。这些品种资源风味、品质、抗性、丰产等性状都是珍贵的基因资源，在育种上具有很大优势，开发和挖掘的潜力巨大。在前人对李光桃资源分类的基础上，进一步对酒泉市李光桃进行了详细的植物学分类，共分为三个类型，并做了详细的性状描述（见本章第三节）。

一、酒泉李光桃的起源

关于桃的原产地，以前学者意见分歧较大，有人认为原产于波斯（今伊朗一带）。随着考古技术、生物技术的不断发展以及经过对我国桃资源的大量调查，认为桃的确起源于中国。桃原产于我国西部，是我国最古老的果树之一。无论从生产栽培、观赏栽培，还是民俗应用方面看，其应用广泛，栽培历史已有 3 000 年以上。从文献上考证，如《诗经·周南篇》（公元前 11 世纪）有“桃之夭夭，灼灼其华”；《尔雅·释木篇》有“旄，冬桃”“褫桃，山桃”之解释；《西京杂记》叙述桃之品种达 10 种之多；西晋郭义恭著的《广志》也记载了冬桃、秋桃、白桃、襄桃和赤桃等品种。据《甘肃果树志》《中国果树志》、俞德竣著的《落叶果树分类学》、曲泽洲和孙云尉主编的《果树种类论》等均认为桃原产于我国或至少我国也是桃的起源地之一。从观赏栽培来考证，东晋诗人陶渊明在《归园田居》写有“方宅十余亩，草屋八九间。榆柳荫后檐，桃李罗堂前”之句；唐朝诗人白居易在《大林寺桃花》中写到“人间四月芳菲尽，山寺桃花始盛开”；刘禹锡在《玄都观桃花》中写到“玄都观里桃千树”，虽说本诗为政治抒情诗，但桃树栽种之多也是实指。这些都证明桃树是造园学中植物搭配的重要树种，已被大量应用。

酒泉李光桃确切开始栽培的年代因种种原因，包括地域性因素、历史因素、战争因素，目前还无法考证，但酒泉地区桃的历史是有据可查的，在酒泉悬泉遗址（始建于公元前 94 年，延续近 400 年）中（彩图 2），出土的遗物就有桃核。

有专家考证西王母就是民间传说中的王母娘娘，民间传说中的王母娘娘多次举办过蟠桃会。如果按《山海经》西山经第三经记载的华山为现在华山的话，第三经起点首山在延安一带，距延安往西 1 300 多千米是西王母住地，其住在玉山（今新疆和田一带）昆仑山的范围在甘肃张掖临泽县到酒泉市瓜州县区域内。酒泉丁家闸 5 号墓是十六国时期壁画墓，画的主要内容就有东王公和西王母。汉朝班固著的《武帝内传》中记载西王母有桃园，并于农历七月七日举办蟠桃会。无论是神话传说还是实指都有举办蟠桃会这一活动，就说明桃树在河西已经存在很久了。另外，敦煌壁画中也有桃树，画中桃果圆润饱满，令人垂涎欲滴（彩图 3）。

北魏贾思勰著《齐民要术》中记载，“金城桃、胡桃出西域，甘美可食。”金城桃是兰州所种桃，胡桃是新疆桃的一类，这说明桃已经从西经过酒泉流向东了。从民俗上考证，中国古代楹联产生之前用的是桃符，据说桃符能消灾辟邪，而楹联早在我国汉代就已成为民俗被普遍应用。另外我国在各种遗址及古墓考古中发现的诸多桃核，进一步说明桃树起源于中国。从外交和经济交往上讲，远在汉武帝时期，桃即由我国甘肃、新疆传到波斯，然后由波斯传到欧洲各国，如法国、德国、西班牙、葡萄牙等，到1500年传入英国，16世纪初西班牙人将桃带入美国，现在世界各国均有分布。

记载油桃最早的是成书于汉代的《神农本草经》，其中有玉桃的记载。按桃取名习惯，玉桃可能就是光滑如玉无毛的李光桃。明确记载李光桃的资料，最早见北宋寇宗奭《本草衍义》中“油桃出汴（汴为现今开封地区）中，花深红，实小，有赤斑，光如涂油”的记载。后明朝李时珍《本草纲目》卷三十二桃类中进行了转述，后清初陈淏子著《花镜》中也进行了转述，并对桃的繁殖、嫁接、栽培、延长寿命等都做了详细的介绍，说明我国在明末、清初油桃的栽培已很广泛，栽培技术已有很高的水平。《花镜》中对油桃的果实性状的描述和部分酒泉李光桃的果实外观完全一致。

油桃无论作为一个种看待，还是作为普通桃、新疆桃的变种看待，其起源自然是中国。酒泉地区究竟是不是起源地之一暂无定论。但从历史上看，酒泉是绿洲丝绸之路与草原丝绸之路的必经之地。从考古发现和文献记载来看，内地与西域文化的交流从殷商时代就开始了，其繁荣畅通则是在西汉王朝在河西建立了四郡之后。敦煌是两条丝绸之路的必经之地，进北道经平凉、固原、景泰、武威、酒泉到敦煌；进南道经陇西、渭源、临洮、西宁、扁都口、张掖、酒泉到敦煌。出南道经阳关、楼兰、阿尔泰、和田、莎车、喀什、克什米尔、巴基斯坦、印度或阿富汗、伊朗到地中海东岸各国；出北经玉门关、吐鲁番、和静、轮台、库车、阿克苏和吉尔吉斯斯坦、哈萨克斯坦、伊朗到地中海东岸各国。汉朝时期，丝绸之路畅通繁荣，“使者相望与道”，“胡商贩客，日款塞下”。我国各地种植的多种植物如胡葱、胡椒、胡麻、胡萝卜、胡桃等从西域传来。同时，我国许多植物作为交换也传入西域，桃可能就是从此时引入敦煌，无论是东来的普通桃、甘肃桃、山桃，还是西来的胡桃。另外，汉朝大量屯兵开垦戍边，魏晋时许多富豪热衷于置办果园。唐朝大批垦荒屯军对抗突厥（瓜州县锁阳城遗址昭示）。雍正初年，移甘肃农民进敦煌进行开荒垦种等大规模的农业生产活动，因此，我们有理由相信桃是从外引入酒泉的。还有，敦煌石窟是佛教圣地，由安西的榆林窟、敦煌莫高窟、西千佛洞组成，它的开凿始于晋朝，延至唐朝，而好多佛家寺院均有栽种桃树的习惯，因此，也有可能酒泉桃树的一部分是由佛教信徒引入，油桃同时被带入。

综上所述，酒泉李光桃起源从商贸交流、历朝戍边军垦、佛教禅院建设、移民来看，很大程度上是从外地引入，来源是甘肃中部地区和新疆。但是，同是丝绸重镇的河西走廊其他地方原始油桃很少，可以推测当毛桃引入酒泉后，特别是引入敦煌后，由于自然气候环境的影响使毛桃发生了突变而成为油桃。由于没有进行系统的开发利用，它仍然保留了毛桃的许多原始性状，如果个小、果面商品性差、有苦味等。因此，从酒泉李光桃的类型及扩散情况来看，酒泉地区特别是敦煌至少是油桃的次级起源中心。从程中平、陈志伟等的研究知道，现代栽培的油桃品种虽然可分为3类，但从其基因扩增带上看，有亲缘关系的一些品种并不表现亲本特征，说明亲本性状遗传给子代的概率不等。杨新国、张国春等对美国油桃及国内育成的部分油桃品种研究认为，它们同北方硬肉桃、蜜桃的起源关系更近一些，北方水蜜桃与南方水蜜桃起源上是平行的，而新疆桃起源于北方硬肉桃。郭金英综合各类研究结果却认为硬肉桃起源于新疆桃。这说明桃的起源演化是复杂的，其起源不是单一的。通过同美国品种阿姆肯比较，同美味油桃的杂交试验种核比较，认为酒泉油桃在起源上来源比较复杂，也比较原始，其很有可能是直接从甘肃桃、普通桃、新疆桃演化而来，同其他油桃种质之间有互相演化的可能。但从目前状况看，酒泉油桃种群和新疆油桃种群相对比较独立。结合以上学者和宗学普等人研究结果，酒泉地区李光桃在桃的起源、演化上的作用如图 1-1，这一切都能说明酒泉地区栽培桃的历史长，李光桃种类复杂。另外，从遗传学上讲油桃是普通桃的单基因隐性突变体，有毛和无毛基因遗传属质量性状遗传，油桃几乎具有普通桃的一切资源类型，其产生历史很早，说明油桃与毛桃是同时兴起的，而酒泉地区在 2 000 多年前就有栽培桃的痕迹，因此可以推断酒泉地区的油桃栽培时间很久。在悠久的生产栽培发展过程中，酒泉地区已演化为油桃资源多样性中心，特别是敦煌，已逐渐演化为油桃的次起源地之一。

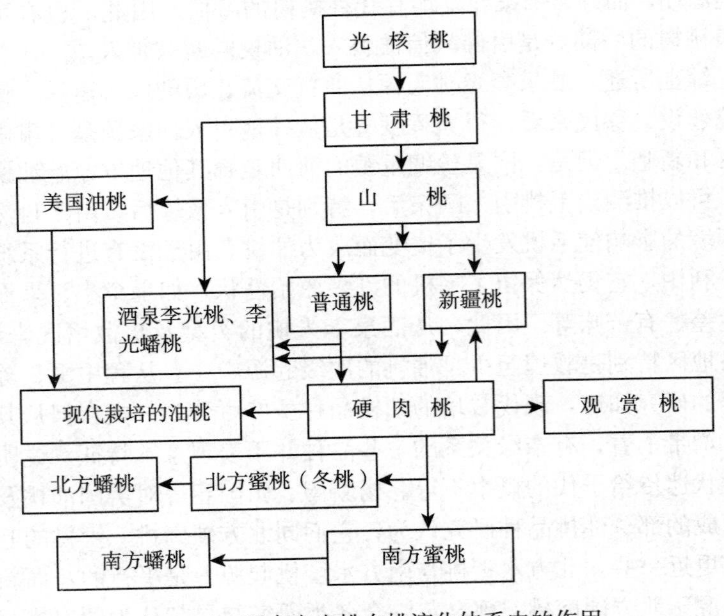

图 1-1　酒泉李光桃在桃演化体系中的作用

二、酒泉李光桃资源分布

酒泉李光桃主要分布在敦煌市的杨家桥乡、七里镇、黄渠乡、吕家堡乡、郭家堡乡和五墩乡等地，瓜州县的环城乡、南岔乡、瓜州乡、西湖乡、踏实乡、桥子乡等，玉门市的下西号乡、玉门镇、柳河乡、黄闸湾乡等，肃州区的西峰乡、果园乡、西洞镇、丰乐乡、屯升乡、三墩乡、银达乡、泉湖乡等，金塔县的金塔镇、古城乡、三河乡、大庄子乡、鼎新镇等。中华人民共和国成立后，李光桃区域分布走向有两次大的流动：

第一次是 1964 年前，为了提高人民生活水平，发展果树栽培，解决园艺栽培上的各种问题，1956—1958 年，各县市纷纷建立国营园艺试验场、林业站，敦煌率先于 1956 年成立园艺试验场，1958 年成立林业站，这一时期，酒泉李光桃主要零散分布在敦煌市各乡遗留的地主庄园中或个别农户的田间地头。李光桃先由敦煌各乡村走向敦煌园艺试验场、林业站，再由敦煌林业站优选走向各大国营园艺场、林场。

即敦煌各地主庄园→敦煌林业站、园艺试验场→酒泉地区各县园艺场、林场。

第二次是 1978—1982 年，酒泉李光桃由各大园艺试验场走向酒泉地区各县乡果树专业户，再由果树专业户走向果树爱好者的田园地头、广大农村。

即酒泉各大园艺试验场、林场→各县、乡果树专业户→酒泉地区各农村。

这样两次大的流动，选出了不少优质李光桃资源，但也有好多李光桃资源类型被淘汰而灭绝。如今保存下的李光桃在丰产性和风味品质、外观品质方面都是比较优良的品种（系）。最后酒泉油桃向北传入额济纳旗，向东传入张掖的高台、临泽等地，向西传入新疆哈密等地。

三、酒泉李光桃分类

（一）植物学分类

经过大量调查、观察，酒泉地区李光桃种质资源分为以下三种类型：

第一种类型：树姿直立，8 年生树，树高 3～5m，枝条颜色向阳面淡紫，有光泽。叶片长 11.5～13.0cm，宽 3.0～3.5cm，叶片基部褶缩少，向背面弯成弓形，颜色浓绿、较厚，蜜腺少而中等，叶柄长0.8cm左右，蜜腺肾形灰褐色。花芽中等钝尖，着生角度分离，稍有茸毛，结果中部单复芽比例约为1∶9。结果枝长、中、短、叶丛枝均有，果实圆球形，果顶有尖。4月初萌芽，4月中旬开花。种核曲沟不规则。果实成熟期8月中旬至9月底。其中不乏鲜食优良品种群（很可能是第二种类型与第三种类型的过渡类型）。

第二种类型：树姿半开张，8年生树，树高3～5m，枝条向阳面红褐色，有光泽。叶长9～10cm，宽2.5～3.0cm，色泽浓绿，叶基褶缩少，叶脉直出叶缘，叶边缘锯齿形钝尖，叶柄长0.6～0.8cm，蜜腺中等肾形，黄色。花芽中等，圆锥形，着生角度分离，布有茸毛。结果枝部位单芽与复芽各占一半。结果枝以中、长果枝为主。4月上中旬萌芽，4月底开花。果实成熟期8月中旬至9月底，果实圆球形、平顶，果尖肥大，梗洼深，果梗宿存。缝合线不对称，种核有平行沟纹（新疆桃变种）。

第三种类型：树姿开张，枝条向阳面红褐色，有光泽。叶长10～13cm，宽3～4cm，叶柄长0.8～1.0cm，叶基部褶缩少，蜜腺圆形、大、黄色，叶脉不直出叶缘，在边缘向上弯曲结成网状，叶缘锯齿状钝尖。花芽圆锥形，着生角度中等。结果枝中部单芽比复芽少，以中短果枝、叶丛枝结果为主，萌芽期4月初，开花期4月中下旬，果实成熟期8月底至9月底，果实圆球形，缝合线浅。种核点纹带曲沟（普通桃变种）。

（二）李光桃种质资源分类

1. 李光桃分类依据 近年来油桃品种更新方面发展很快，世界各国均在大量进行油桃育种，拥有大量油桃种质资源就显得尤为重要。然而由于种种原因，李光桃这一宝贵的资源还没有规范的保存和开发利用，同种异名、同名异种的现象比较普遍。另外，由于口感或某一缺陷而被淘汰、灭绝的李光桃种质资源有很多，从1982年酒泉地区果树资源调查区划到现在，好多李光桃资源已灭绝。因此，要拯救和开发李光桃资源，对李光桃种质资源进行分类就显得意义重大。

2. 种群分类 根据生态学和植物学特性将李光桃又归属和分类如下：

2.1 油桃品种群

2.1.1 肉桃亚群

2.1.2 水桃亚群

2.2 蟠桃品种群

2.2.1 毛蟠桃系列

2.2.2 李光蟠桃系列

肉桃亚群中有敦煌紫圆肉桃、李光桃肉桃，水桃亚群中有紫圆水桃、李光水桃，其中不乏优质品种。

3. 植物形态分类 从果农的栽培园中抽查有代表性的植株 3～5 个进行样本株的确定，总共选出典型样本 33 份，对其进行植物学特征调查，按照易辨别、易量化的原则，确定样本的植物学特征，包括以下几个方面：种核特征、叶脉特征、叶基特征、叶缘特征、单复芽比例、花芽特征、果实特征及果实成熟期等，以植物学形态为分类标准，绘出参与分类的 33 份酒泉李光桃的欧氏距离聚类图，以 8 为聚类核心将酒泉油桃分为 8 类。其中，J004、Y002、d003、A002 各自为一类，A003、d004、J001、Y001、d002 为一类，S004、d014 为一类，d001、S005 为一类，S002、J006、d010、d009、d019、J007、d016、d008、J005、d012、d007、J003、A001、S003、S009、d006、S006、S001、S007、d005 这 20 份材料为一类。J004 生长在金塔县金塔镇，树龄为 9 年，其种核为典型的点纹、离核，花芽以复芽占 90%，果肉为软溶质。Y002 生长在玉门市柳河乡官庄子村，树龄有 28 年，其核纹不是平行的直纹，但也不是点纹、粘核，花芽中单芽占 90%，果肉为硬溶质。d003 生长在敦煌杨家桥乡合水村，树龄为 7 年，种核为平行沟纹、粘核，花芽全为复芽，果肉为硬溶质。A002 生长在瓜州县环城乡北沟村，树龄为 8 年，种核为曲沟、离核，花芽中复芽占 90%，果肉为不溶质。以上这四类作为独立的类型单独演化发展。A003、d004、J001、Y001、d002 为一类，其明显特征为种核直沟纹、离核，果面有瘤状突起，果肉为硬溶质。S004、d014 为一类，该类明显的特征为种核点沟纹、离核，叶脉边缘结网，果肉为硬溶质。d001、S005 为一类，该类明显的特征为种核点沟纹、离核，叶脉边缘结网，果肉为软溶质。S002、J006、d010、d009、d019、J007、d016、d008、J005、d012、d007、J003、A001、S003、S009、d006、S006、S001、S007、d005 等为一类，该类共同特征为果实带尖，果肉黄色为软溶质。作为对照的美国品种阿姆肯单独归为一类，可能说明美国油桃起源于酒泉油桃的可能性不大。从该分类结果可以看出，酒泉油桃已不是简单按传统的新疆桃变种、普通桃变种、中间类型聚类，说明酒泉油桃类型比较复杂，难以详细解释现有酒泉油桃的起源及演化关系。样本较多的种类中亲缘关系较近的，各样本之间明显存在着差异，这说明酒泉油桃群体中资源类型多，生物遗传多样性丰富。酒泉李光桃品系、类型复杂，根据酒泉油桃的分布范围及利用情况可以推断，酒泉油桃是比较古老的类群。

4. 杂交试验结果分析　杂交所获得的种核明显具有美味油桃和安西油桃的特征。美味油桃为普通桃核的特征，核纹为点纹，核大、仁瘪、浅黄色。安西油桃为新疆桃种核特征，核纹为平行沟纹，核小、仁饱、红色。杂交种核全为平行沟纹＋少点纹，核中等，比美味油桃的核小，比安西油桃核大，种核红色。这种特征的种核在酒泉油桃中比比皆是，说明酒泉油桃中部分种的确是杂交演化得来的。另外，说明酒泉油桃遗传力强，在资源利用上作杂交亲本效果好。

5. SSR 测试分析结果　甘肃农业大学园艺专业研究生徐宝利在赵长增老师指导下采集了甘肃酒泉李光桃品种（系）、美国品种和中国其他地方栽培品种的叶片共计 60 份材料，利用 SSR 标记技术对它们的遗传多样性水平及其遗传演化进行了比较分析，获得如下结果：①从 15 对 SSR 引物中共筛选出 8 对具多态性的引物，用其对 60 份油桃样本材料进行 SSR 分析，共获得 28 个等位基因位点，最小为 2 个，最大为 5 个。甘肃地方品种（系）、美国品种和中国其他地方栽培品种的遗传距离跨度分别为：0.091～0.817、0.111～0.741和0.077～0.732，多态性位点频率分别为98.94%、96.03%和95.29%，遗传多样性指数分别为0.579 8、0.526 3和0.506 7。以上参数以甘肃地方油桃品种（系）最高，美国品种次之，中国其他地方栽培品种最低。表明甘肃地方油桃资源具有丰富的遗传多样性。②三个不同群体的全部样本材料遗传距离的综合UPGMA聚类结果表明，甘肃地方油桃种质资源的遗传距离最远，美国品种次之，中国其他地方栽培品种遗传距离最近，甘肃地方油桃具有较早的起源。用DNAMAN软件聚类结果显示，甘肃地方油桃品种（系）和美国品种聚为一类，具有较高的一致度（80%），亲缘关系较近。③28份甘肃地方油桃品种（系）间的平均等位基因数为2.908 75个，根据遗传相似矩阵，用NTSYS软件对60份样本进行聚类分析结果表明甘肃地方油桃品种共分为三类，第一类在阈值为0.85处，H32、S016、J006、S002和S006独立聚为一类，与甘肃其他油桃地方品种、中国其他地方栽培品种和美国品种间的亲缘关系较远；第二类在阈值为0.80处聚类，与中国其他地方栽培品种和美国品种同聚为一大类，但仍然独立成群，具有明显的地域性，多数甘肃地方油桃品种（系）属这一类群；第三类为少数类型J011、S003、H43、H31在阈值为0.55处，与中国其他地方栽培品种同聚为一类并呈现交叉，遗传背景相似，表现出了甘肃地方油桃资源遗传变异的复杂性。④10份美国油桃品种间的平均等位基因数为2.559 84个，遗传多样性指数的平均值为0.526 3。这说明美国油桃品种间也存在较大的变异，但变异度低于甘肃地方品种，遗传变异比较狭窄。用遗传距离绘制美国品种的UPGMA聚类结果表明，在阈值为0.61处共分为2大类，且每一大类又各分为两个亚类。⑤22份中国其他地方栽培品种间的平均等位基因数为2.482 65，遗传多样性指数的平均值为0.506 7，其遗传变异度均低于甘肃地方油桃和美国油桃。用遗传距离绘制中国其他地方栽培品种的UPGMA聚类图表明，在阈值为0.59处分为两大类，第二大类又分为三个亚类。

四、资源总体评价及利用

酒泉李光桃种质资源种类比较多，种群遗传力强，可作高树龄、晚熟、抗旱、耐寒冷、抗虫、风味浓等性状的育种材料。栽培上既可作经济田园树种，又可用作生态绿化树种和园林观赏树种。但通过实生播种后直接选优，在大范围的栽培利用上可能存在缺陷。因为，酒泉李光桃是属于酒泉地区这个特定生态环境条件的，品种区域性强。通过杂交试验看，作为杂交亲本材料其存在明显的优势，子代的表现往往优于当地李光桃亲本，比如果个、风味、外观品质等。从授粉果表现看，杂交授粉果实比酒泉油桃果形大，果形较明显有两者的优势，杂交优势强，所以利用杂交选育新品种可能效果比较好。由于当地油桃市场走俏及其生态环境的适应，当地果农将油桃既作为经济树种又作为绿化树种进行种植，因此整个酒泉地区就像酒泉油桃的一个天然资源圃，只要加强引导就能搞好该资源的搜集和保护。

第二节　酒泉市李光桃优良品种简介

一、紫胭脆桃

紫胭脆桃（彩图 4）是酒泉李光桃中晚熟品种系列，是通过市场调查和栽培试验多年优选的天然实生苗，在戈壁与绿洲交界处能正常生长且生长健壮。越冬抗寒能力强，能避过晚霜危害。调查时 20 年生的树，病虫害少。转接后生长表现良好，表现出较强的抗逆性，耐寒、耐旱、耐瘠薄。喜欢通透性良好、浇灌便利、排水良好的土壤。是目前肃州区的主推品种之一。

（一）植物学特征

树势强，树姿开张，干性不明显。成枝力、萌芽力均强；一年生枝条红褐色（向阳面的部位）有光泽；单复芽比例为（1～2）：（8～9）；叶长 10～13cm，宽 3～4cm，叶柄长 0.8～1.0cm，蜜腺圆形、大、黄色，叶基褶缩少，叶缘锯齿状钝尖；花芽圆锥形，着色角度中等，花粉红色，大花铃形。

（二）果实性状

果实圆球形，果顶平，萼洼深、窄，缝合线浅，缝合线不对称，果面光滑有光泽，果点小而均匀，果形端正，果形指数0.949。果皮厚，易剥离。果面片红，光滑。果肉乳白色，肉质细腻，质脆、汁多，纤维少，风味酸甜适口，略有苦味，桃风味浓。粘核，果核点纹、短沟纹混合，果核红色，扁圆球形，属普通桃变种。可溶性固形物含量为13%。果实成熟期为9月上中旬。平均单果重90g以上，果实在常温下能贮藏10d左右。

（三）生长结果习性

丰产，大小年现象不明显。树势中等，树姿半开张，树形自然开心形。在没有专门浇水的情况下，20年生树高3m以上，干高0.7m左右，主枝数3个，干周12cm左右，冠幅2.4m×2.2m，新梢年均生长量25cm，以中长果枝结果为主，占结果枝的70%，长果枝中部单复芽比例约为3∶7。在正常栽培管理条件下，嫁接后3年开始挂果，5年进入盛果期，平均单株产量为50kg。

（四）物候期

在酒泉市肃州区沿山与戈壁交界区，萌芽期平均为3月20—25日，初花期为4月18—20日，盛花期为4月25日左右，终花期为4月28日左右，果实成熟期9月中下旬，落叶期10月下旬。全年生育期190d左右。

二、大青皮

大青皮（彩图5）为酒泉李光桃晚熟品种，属硬溶质桃系列，是经过多年市场调查和栽培优选的天然杂交种。在张掖市临泽县平川镇五里墩村黑河沿岸和酒泉市肃州区西洞镇西洞村沿山绿洲区、罗马村沿山绿洲戈壁边缘、肃州区总寨镇牌路村泉水片区等多点多年区试，证明该品种在河西各种环境条件下都能正常生长、结果。抗逆性强，耐寒、耐旱、耐瘠薄，好肥。喜欢通透性良好、浇灌便利、排水良好的土壤。是目前河西走廊和新疆哈密推广的主要品种之一。

（一）植物学特征

树势中等，树姿开张，自然开心形，8 年生树高 1.8～2.0m，冠幅 3～4m；枝条向阳面淡紫色有光泽，结果枝 90%为复芽，10%为单芽，花芽数多，花芽有茸毛。叶长 12～13cm，宽 3.0～3.5cm，叶片颜色翠绿色，叶片较厚，叶脉黄绿色，到叶缘结网；叶片蜜腺数量中等，叶缘钝锯齿状，钝尖，叶柄长 0.8cm 以上，蜜腺肾形（2～3 个），灰褐色。花淡粉红色，大花铃形，花瓣匙状，粉色带淡红色，雄蕊 18 个以上，雌蕊淡黄色，平于或高于雄蕊。

（二）果实性状

果实较大，平均单果重 100g，最大果重 130g。果实圆球形，果底平，梗洼阔、浅，果顶平凹陷，果尖宿存，缝合线浅，果形对称，果形指数约 0.956。果皮绿色，难以剥皮，果面光滑有光泽，部分果阳面有红晕。果柄短，约 0.6cm。果肉乳白色，肉质细腻，汁液多、纤维少、口味甜有微酸，有香味。离核，种核颜色灰褐色，曲沟纹和点纹，核壳软，易破裂。核纵径 3.5cm、横径 3.16cm，厚 1.7cm。属普通桃变种，水桃亚群，果实风味浓。可溶性固形物含量为 12%～14%。在常温下能贮藏 7～10d。

（三）生长结果习性

树势中等，树姿开张，树形自然开心形，树高 2.0m 左右，树冠 3.5m×2.4m。新梢年平均生长量 44cm。以中果枝结果为主，占结果枝总数的 60%，长果枝占 10%，短果枝占 10%，叶丛枝占 20%。结果枝中部单芽与复芽各占 10%与 90%。在正常栽培管理条件下，定植嫁接后 2 年开始结果。第 4 年进入盛果期。大小年结果现象不明显，成龄稀植大青皮平均单株产量为 50kg。

（四）物候期

不同年份物候期略有差异。在肃州区平均萌芽期为 3 月 25—30 日，初花期 4 月 17 日左右，盛花期 4 月 22 日左右，终花期 5 月 1 日左右，花期 10～15d。果实采收期为 9 月 20—25 日，落叶期 10 月中旬。全年生育期 200～210d。

三、小青皮

小青皮（彩图6）为酒泉李光桃晚熟品种，属硬溶质桃系列。是通过市场调查和栽培试验多年优选的天然实生苗。幼树第一年埋土，第二年只要加强生长期管理，注意秋天控水就能正常越冬，树体病虫害少，抗逆性强，耐寒、耐旱、耐瘠薄，好肥。喜欢通透性良好、排水良好的土壤。年年丰产，因花期长，能避免晚霜危害，母树30年生仍能正常结果。

（一）植物学特征

树势较强，树姿开张，半圆头形。枝条向阳面浅红色，有光泽。结果枝中部复芽与单芽比约为1∶9。叶长12cm，宽4cm，叶厚度中等，色泽中等，叶基部褶缩较少，蜜腺少，叶缘锯齿钝尖，叶柄长0.8cm以上，蜜腺肾形、大小中等，黄色，叶脉淡黄色，不直出叶缘，在叶边缘结网。花芽着生角度中等。

（二）果实性状

果实平均单果重50～60g。果实圆球形，梗洼浅，缝合线不对称，果顶平，果尖直立。果皮厚，果面黄绿色，果面光滑有光泽，果点小而均匀。果肉白色、质脆、汁多，纤维少、风味甜。粘核，可溶性固形物含量为13%。果实成熟期9月下旬。果核点纹、短沟纹混合，果核颜色灰褐色，种核纵径3.5cm，宽2.8cm，厚2.3cm。属普通桃变种，水桃亚群。果实常温下可保存7d左右。

（三）生长结果习性

4年生树高2.5m，树势强，树姿半开张，冠幅2.3m×2.5m，萌芽力、成枝力均强，新梢年平均生长量80cm，副梢生长量20cm。结果枝中部单复芽比例为1∶9，以中果枝、短果枝结果为主。建园时嫁接的树在第3年开始挂果，5年进入盛果期，平均单株产量为30kg。

（四）物候期

在酒泉市林业科学研究所试验园萌芽期为3月下旬，开花期4月中旬，果实采摘期9月下旬，落叶期10月底。全年生育期200d左右。

四、麻脆桃

麻脆桃（彩图7）为酒泉李光桃晚熟品种，属硬溶质系列。是通过市场调查和栽培试验多年优选的天然实生苗。该品种抗逆性强，耐寒、耐旱、耐瘠薄。喜欢通透性良好、浇灌便利、排水良好的土壤。能够自然正常越冬，早春一年生枝抽条率不到10%，抗冻性强。在正常浇灌的条件下生长良好，在不正常浇灌下，其生长量明显减弱，果实明显变小、变苦，但树体能健康生长，抗旱性强。对肥分敏感，在瘠薄的土地上亦能正常生长，但结果少、果实小、品质差。较易感蚜虫、红蜘蛛、食心虫。抗白粉病、锈病等抗病虫能力较好。目前在肃州区、敦煌市、瓜州县有栽培。

（一）植物学特征

树势中等，树姿半开张，自然开心形，8年生树高3～5m，结果枝中部90%以上为复芽，10%为单芽。叶长11～12cm，宽3.0～3.5cm，叶柄基部有3～4个椭圆形褐色蜜腺，叶片基部有4～5个褐色小蜜腺，叶片下半部有褶皱，叶缘锯齿状，钝尖，叶柄长0.8cm以上。主叶脉黄色凸起，叶脉不直出叶缘，在叶缘附近弯曲结网。花芽数多，花芽有茸毛，叶芽尖，着生角度小。

（二）果实特性

果实圆球形，平均单果重110g以上，果皮厚，果肉脆，果汁多，果实桃风味浓。果顶平，萼洼深、窄，缝合线半边，果面在未成熟前凹凸不光滑，成熟后变光滑，果点大而均匀，果面半边着紫红色。偶有裂果现象。可溶性固形物含量为13%～14%。离核，种核为深点沟纹，果核红色，卵圆球形，核纵径2.9cm、横径2.16cm、厚1.7cm。果实常温下可保存5～7d。

（三）生长结果习性

成枝力、萌芽力强，1年生枝条生长量50cm左右。3年生树开始结果，5年进入盛果期，丰产，有大小年现象。结果部位分布在树冠的中、下部，生理落果少。核有斜沟纹。结果枝壮，长果枝占20%，中果枝占60%，短果枝占20%。果枝节间长度2.5～

3.0cm。单芽50%、复芽50%，花芽肥大，顶端圆锥形，着生角度分离、茸毛多。自花结实率低，花粉红色，大花铃形。

（四）物候期

在敦煌市、瓜州县的萌芽期为3月15—20日，初花期4月15日左右，盛花期4月20日左右，终花期4月25日左右。落叶期10月下旬。全年生育期200～210d。

五、酒香1号

酒香1号（彩图8）是酒泉市林业科学研究所选育的，由酒泉李光桃和美味油桃杂交而来，属软溶质系列。该品种抗逆性强，耐寒、耐旱、耐瘠薄，好肥。喜欢通透性良好、浇灌便利、排水良好的土壤。能耐−25℃以下低温10～14h。早春1年生枝抽条率不到10%，抗冻性强。对肥分敏感，但在瘠薄的土地上亦能正常生长，但果实明显变小、品质差。抗病虫害。是目前酒泉肃州区、张掖市等地推广的主要品种。

（一）植物学特征

树姿较开张，生长势中等，中心干生长较弱，骨干枝分枝角度大约60°，成龄树冠径4.1m，干高30cm，树高2.5m，骨干枝长2.3m，徒长枝数目少。萌芽率、成枝率中等。1年生枝阳面红褐色，有光泽，年生长量50cm，副梢生长量25cm，枝条细弱，中下部着生复芽，上部是单芽。叶片长椭圆披针形，长10cm，宽3cm，叶柄长0.5cm，叶主脉绿色，向上对折并向下弯曲反卷，叶脉直出叶缘，叶尖渐尖，叶基楔形，叶缘锯齿出现有红色小刺状。

（二）果实特性

果实近圆球形，缝合线明显，延伸到果尖，两半部较对称，果顶微凹平，梗洼中深。平均单果重90g，最大单果重120g；果皮底色绿黄色，向阳面果面紫红色，光滑有光泽，果顶有时呈紫色，色艳，有少量果点，果皮稍厚，浅黄白色，9月6日果实着色完成，果实成熟期9月20日。果实风味浓，质软、汁多，纤维少，风味甜淡爽口，多吃不腻。可溶性固形物含量为12.7%～13.7%。果核浅红色，有时呈浅灰色，核为平行斜沟纹。

（三）生长结果习性

3年生树开始结果，5年进入盛果期，5～9年期间结果量逐年增加，9年开始保持稳定、丰产，大小年现象不明显。结果部位分布在树冠的中、下部，生理落果少。核有斜沟纹。结果枝细弱，长果枝占10%，中果枝占60%，短果枝占20%，多年生枝上极短果枝占10%。果枝更新要重短截，促新枝生长。果枝节间长度2.5cm。单芽50%、复芽50%，花芽肥大，顶端圆锥形，着生角度分离、茸毛多。花粉红色，花冠直径2.5～3.0cm，雄蕊28～32个，雌蕊80%高于雄蕊，20%相平。生理落果少。2m×3m模式栽培，盛果期单株最高产量可达到70 kg。常温下能保存7～10d。

（四）主要物候期

在酒泉市肃州区，正常年份4月12日左右花蕾期，4月16—28日为开花期，4月29日至5月1日为落花期，4月20—25日叶芽萌芽，5月下旬为新梢速长期。6月下旬停长，7月下旬开始二次生长及抽生副梢，果实成熟期为9月中下旬，10月下旬开始落叶。全年生育期200～210d。

六、酒育红光1号

酒育红光1号（彩图9）是酒泉市林业科学研究所杂交选育的，由酒泉李光桃和瑞光2号油桃杂交而来，属软溶质中熟品种系列。该品种抗逆性强，耐寒、耐旱、耐瘠薄，怕涝、怕盐碱。喜欢通透性良好、浇灌便利、排水良好、肥沃的土壤。早春1年生枝抽条率不到10%，抗冻性强。对肥分敏感，对修剪敏感。抗病虫害。是目前酒泉市肃州区、张掖市等地推广的主要着色品种。

（一）植物学特征

树姿较开张，生长势中等，中心干生长较弱，骨干枝分枝角度大约60°，成龄树冠径4m以上，干高10～30cm，树高2.0～2.5m，骨干枝长1.5～2.0m，徒长枝数目多；萌芽率、成枝率强；

一年生枝阳面红褐色，有蜡质光泽，年生长量70cm，副梢生长量30cm，枝条粗壮，大部分为复芽。叶片长椭圆披针形，长11~13cm，宽3.0～3.5cm，叶柄长0.5cm，叶主脉向上对折并向下弯曲反卷，叶片厚，翠绿色，容易黄化。叶尖渐尖，叶基楔形，叶缘锯齿钝尖。

（二）果实特性

果实近圆球形，缝合线浅且不明显，两半部较对称，果顶微凹平，梗洼中深。平均单果重95g，最大果重131g。果皮底色绿黄色，果面全红，光滑有光泽，完熟时果顶呈紫色，色艳，有少量果点，果皮稍厚。果肉浅黄白色，果顶皮下偶有少量红色素，九成熟时肉质硬脆爽口，完熟后柔软多汁，有果肉纤维，风味甜淡略带酸味，可溶性固形物含量为11.0%～14.7%，粘核，果核椭圆形，浅棕色，点状纹，无裂核现象。果实成熟期一致，果实成熟后在树上能保持4～5d。常温下可保存5d左右。

（三）生长结果习性

3年生树开始结果，5年进入盛果期。丰产，大小年现象不明显。结果部位分布在树冠的中、上部，生理落果少。核有斜沟纹。结果枝粗壮，长果枝占20%，中果枝占60%，短果枝占10%。果枝节间长度2.5cm。单芽50%、复芽50%，花芽肥大，顶端圆锥形，着生角度分离，茸毛多。花淡红色，花冠直径2.5～3.0cm，雄蕊28～32个。

（四）主要物候期

在酒泉市肃州区，正常年份4月10日左右花蕾期，4月15—25日为开花期，4月26—29日落花期，4月20—25日叶芽萌芽，5月下旬为新梢速长期。6月下旬停长，7月下旬开始二次生长及抽生副梢，果实成熟期为8月中旬，10月下旬开始落叶。全年生育期180～200d。

七、甜干桃

甜干桃（彩图10）俗名疙瘩桃，是酒泉李光桃晚熟农家品种，属硬溶质系列。通过市场调查和栽培试验多年优选的天然实生苗。该品种抗逆性强，耐寒、耐旱、耐瘠薄。喜欢通透性良好、浇灌便利、排水良好的土壤。能够自然正常越冬，早春一年生枝抽条率不到10%，抗冻性强。对肥分敏感。

（一）植物学特征

树姿较直立，生长势强，中心干生长较弱，骨干枝分枝角度大约40°～60°，成龄树冠径3m以上，干高10～30cm，树高2.0～2.5m，骨干枝长1.5～2.0m，骨干枝上枝条较多，生长量大。萌芽率、成枝率很强。1年生枝年均生长量100cm以上，副梢生长量约50cm，枝条粗壮，大部分为复芽。叶片长椭圆披针形，长12～14cm，宽3.0～35cm，叶柄长0.5cm，叶主脉向上对折并向下弯曲反卷，叶片厚，翠绿色。叶尖渐尖，叶基楔形，叶缘锯齿钝尖。

（二）果实特性

平均单果重110～120g。果实扁圆球形，果面有大小不等的疙瘩，果面较光滑，果面绿色带灰白色，果顶平，果尖宿存，梗洼阔、深，缝合线浅、不对称。果肉白色、汁液少、果质干脆，风味甜，无酸味，桃风味不浓。核大、灰色，但比大青皮深，似带淡淡的红色，点纹，种核比大青皮硬。适合加工制干，果实成熟后可挂在树上半个月，货架期20d左右，耐贮运。

（三）生长结果习性

3年生树开始结果，5年进入盛果期。丰产，大小年现象不明显。结果部位分布在树冠的中、上部。结果枝粗壮，以中长果枝结果为主。果枝节间短。单芽10%、复芽90%，花芽肥大，着生角度分离，茸毛多。花红色略带粉色，花冠直径2.5～3.0cm，大花铃形，雄蕊20～22个（彩图11）。需配置授粉树。

（四）主要物候期

在酒泉市肃州区，正常年份4月12日左右为花蕾期，4月18—28日为开花期，4月28日至5月1日为落花期，4月20—25日叶芽萌芽，5月下旬为新梢速长期。6月下旬停长，7月下旬开始二次生长及抽生副梢，果实成熟期为 9 月底至 10 月初。10 月下旬开始落叶。全年生育期 200d 左右。

八、小李光桃

小李光桃（彩图 12）为酒泉李光桃晚熟农家品种，属脆桃系列，既可观赏又可鲜食。抗寒、抗旱，适应性广，抗病性强。喜欢通透性良好、浇灌便利、排水良好的土壤。目前在肃州区有零星栽培。

（一）植物学特征

树势中庸，干性弱，树姿开张。成枝力、萌芽力均强，骨干枝分枝角度 40°～50°，成龄树冠径 3m 以上，干高 30cm 左右，树高 2.0～2.5m，骨干枝长 1.5～2.0m，骨干枝上枝条较多，生长量大。1 年生枝年均生长量 100cm 以上，副梢生长量 20～30cm，枝条粗壮，大部分为复芽。叶片长披针形，长 12～15cm，宽 2～3cm，叶柄长 0.5cm，叶主脉向上对折，叶尖顺时针向下弯曲反卷，叶片厚，翠绿色。叶尖渐尖，叶基楔形，叶缘锯齿钝尖。

（二）果实特性

果实成熟期为 9 月中下旬。平均单果重 30～45g。果实圆球形，果面光滑，果面底色黄绿色，果面紫红色。果顶稍尖，果尖宿存，梗洼窄深，缝合线浅、不对称。果肉黄白色、质脆、汁液中、含糖量低，略带酸味，桃风味不浓，可溶性固形物含量为 12%。离核，果核卵圆形，核小、红色、点纹，种壳硬。既能鲜食，又可观果，可以作为观赏树种，果实成熟后可挂在树上半个月，货架期 7～10d。

（三）生长结果习性

3 年生树开始结果，5 年进入盛果期。丰产，大小年现象不明显。结果部位分布在树冠的上、中、下部。长果枝、中果枝、短果枝均结果很多，结果枝粗壮。果枝节间短。单芽 10%、复芽 90%，花芽肥大，着生角度分离，茸毛多。花红色略带粉色，花冠直径

2～3cm，大花铃形。花期15d左右。小李光桃是一个系列，有中熟品系、晚熟品系，成熟期8月中旬至9月下旬。自花结实率高，能形成串枝果，观赏性极高。大量栽培时需配置授粉树。

（四）主要物候期

在酒泉市肃州区泉水片区，正常年份4月12日左右为花蕾期，4月18—28日为开花期，4月28日至5月1日落花期，4月20—25日叶芽萌芽，5月下旬为新梢速长期。6月下旬停长，7月下开旬开始二次生长及抽生副梢，果实成熟期为9月初。10月下旬开始落叶。全年生育期200d左右。

九、绿皮李光桃

绿皮李光桃（彩图13）别名厚皮李光桃、翠皮李光桃，由实生选种而来，是酒泉市著名的李光桃农家优良品种。喜光、抗寒、抗旱、耐盐碱，喜欢通透性好的沙壤土，怕涝，怕黏土。在敦煌市大量栽培。

（一）植物学特征

树姿较直立，生长势中庸，有干性，骨干枝分枝角度大约40°～50°，成龄树冠径3m以上，树高2.5～3.5m，骨干枝长1.5～2.0m，骨干枝上枝条中等，生长量中庸。萌芽率、成枝率中庸。一年生枝年均生长量70cm以上，副梢生长量30～50cm，枝条粗壮，大部分为复芽。叶片椭圆披针形，长11～13cm，宽3.0～3.5cm，叶柄长0.5cm，叶主脉向上对折并向下顺时针弯曲反卷，叶片厚，黄绿色。叶尖渐尖，叶基楔形，叶缘锯齿钝尖。

（二）果实特性

平均单果重95g，最大单果重130g。果实圆球形，果面细腻翠绿，少有斑点，光滑如油，果顶平，果尖宿存，梗洼阔深，缝合线明显，直穿果顶，两半对称。果皮厚。果肉白色，接触果核部分为红色。软溶质、果肉纤维少、汁液多、果肉软滑，风味酸甜可口，桃风味浓，可溶性固形物12％～14％。核大、点纹、鲜红色，种核壳硬。果实成熟后可由熟到生分批采摘，果实内部不耐贮藏，贮藏期间由内向外软化发绵，货架期7～10d，但最佳可食期4～5d。

（三）生长结果习性

树枝开张角度小，有一定干性。3年生树开始结果，5年进入盛果期。丰产，大小年现象不明显。结果部位分布在树冠的中、上部，结果枝粗壮，以中长果枝结果为主。果枝节间短，单芽10%、复芽90%，花芽肥大，着生角度分离、茸毛多。大花铃形，花红色略带粉色，花冠直径2.5～3.0cm，大部分花雌蕊和雄蕊等高，花粉量大，花期10～15d。自花结实，生产上需配置授粉树。

（四）主要物候期

在酒泉市肃州区，正常年份4月12日左右为花蕾期，4月16—26日为开花期，4月28日至5月1日落花期，4月20—25日叶芽萌芽，5月下旬为新梢速长期。6月下旬停长，7月下旬开始二次生长及抽生副梢，果实成熟期为9月中旬。10月下旬开始落叶。全年生育期200d左右。

十、李光蟠桃

李光蟠桃（彩图14）有一定干性，生长势弱，结果少，抗寒、抗旱、耐瘠薄土壤，怕碱，喜光、好肥，喜肥沃、通透性良好的土壤。桃风味浓，作为蟠桃抗寒、抗旱的材料在酒泉有零星栽培。

（一）植物学特征

树姿较直立，生长势弱，骨干枝分枝角度小。成枝力弱、萌芽力弱。成龄树冠径2～3m，干高30～50cm，树高2.0～2.5m，骨干枝长1.0～1.5m，骨干枝上枝条较稀，生长量小。1年生枝年均生长量50～100cm，副梢生长量30～50cm，枝条偏细弱，复芽与叶芽比为1∶1。叶片椭圆披针形，长8～11cm，宽1.7～2.5cm，叶柄长0.5～0.8cm，叶主脉略向背面凸，叶尖直向背面弯曲，叶片薄，黄绿色。叶尖渐尖，叶基尖楔形，叶缘锯齿钝尖。

（二）果实特性

平均单果重70～80g。果实扁平圆饼形，果面有紫色红晕，果面光滑，果面底色绿色，果顶凹陷，无果尖，梗洼阔浅，缝合线不明显。果皮厚，果肉白色、汁液多、果质脆，风味甜，无酸味，桃风味浓。核圆球形、核小、红色、点纹、核壳硬。过熟时果实中间易穿洞。

（三）生长结果习性

树势弱，易黄化。3 年生树开始结果，5 年进入盛果期。产量低，大小年现象不明显。结果部位分布在树冠的中、上部。结果枝细弱，以中长果枝结果为主。果枝节间短。单芽 50%、复芽 50%，花芽相对李光桃瘦小，着生角度小。花粉红色，花冠直径 2.0～2.5cm，花铃形。需配置授粉树。

（四）主要物候期

在酒泉市肃州区，正常年份 4 月 10 日左右为花蕾期，4 月 16—26 日为开花期，4 月 27—29 日为落花期，4 月 20—25 日叶芽萌芽，5 月下旬为新梢速长期。7 月下旬开始二次生长及抽生副梢，果实成熟期为 7 月下旬。10 月下旬开始落叶。全年生育期 180d 左右。

第二章 李光桃的特性

第一节　李光桃的生物学特性

一、生长特性

李光桃树势健壮，枝条直立，不下垂，萌芽力、成枝力均强，树冠成形快，中、长枝结果比例大，早果丰产性好。自然生长常呈圆头形，高3～5m。多数品种适宜在夏季干旱少雨的地区栽培。果实无茸毛，果肉多为白色，果顶多为平顶带小果尖。定植第2～3年即可见果，第5年进入盛果期，亩产量可达2 000kg以上。李光桃寿命受气候环境、栽培区域、管理水平等因素影响，在地下水位较高或降水量较多地区，一般12～15年树势即明显衰弱；在阳光充足、管理水平较高的桃园25～30年还可维持较高产量。

二、生长结果习性

（一）根系生长特性

1. 根系的分布　李光桃根系的深广度因砧木种类、地下水位、土壤条件等条件的不同而不同。李光桃根系在土壤中分布较浅，尤其是经过移栽断过根的树，水平根发达，无明显主根。李光桃根水平分布一般与树冠冠径相近或稍广，垂直分布因环境条件的不同差异较大，条件差，主要集中在5～15cm浅层土壤中。土层深厚、疏松及地下水位低的地区，根系分布较深，主要集中在10～50cm

土层中。李光桃根系呼吸旺盛，喜通气良好的土壤，耐涝性差，在黏重潮湿的土壤中发育不良，积水1～3d即可造成落叶。

2. 根的生长

李光桃根系在一年中有2次生长高峰，第一次出现在5—6月，第二次出现在9月至10月上旬。李光桃早春根系活动较早，当地温达5℃左右时便开始活动，根系适宜生长温度为15～22℃，22℃时生长最快，当夏季土壤温度升至26℃左右时，根系停止生长，被迫休眠。秋季土壤温度降至19℃左右时，李光桃开始第二次生长高峰，但生长势较第一次弱。秋末冬初，土壤温度降至11℃时，李光桃根系停止生长进入冬季休眠期。

（二）芽生长特性

李光桃的芽按性质分为花芽、叶芽和潜伏芽三种。叶芽着生在枝条顶端和叶腋部位，瘦小而尖。旺梢上的侧生叶芽具早熟性，随着主梢的迅速生长，侧生叶芽便随之萌发，抽生副梢。生长旺盛的副梢上的侧生叶芽可抽生二次副梢。李光桃的花芽为纯花芽，饱满、肥大，呈圆锥形，侧生，着生在叶芽的旁边，1个花芽只开1朵花，多为复花芽。李光桃的单花芽与复花芽着生节位高低、数量比例与枝条的类型、品种特性、枝条着生处营养状况、光照条件等有关。李光桃的叶芽萌芽率很高，一般只有枝条基部的几个叶芽不萌发而形成潜伏芽。李光桃潜伏芽少，寿命短，因而更新复壮困难。

（三）枝条特性

1. 枝条的种类 李光桃的枝条按主要功能可分为生长枝和结果枝两类。

（1）生长枝。1～3年生的李光桃幼树生长枝占比较大，树体开始结果后，生长枝占比迅速减少。管理水平较高的李光桃园，树冠成形后枝条几乎全部为结果枝。生长枝按生长势强弱，又可分为发育枝、徒长枝和单芽枝。发育枝主要分布在骨干枝先端，生长势强旺，粗度为1.5～2.5cm，有大量副梢。李光桃发育枝和发育枝上的副梢虽然能形成少量花芽开花结果，但其主要功能是形成树冠的骨架。单芽枝极短，为 1cm 以下，只有 1 个顶生叶芽，萌发时仅形成叶丛，不能结果，当光照、营养条件好转时，也可发育成壮枝，用于更新。徒长枝主要分布于骨干枝的中后部，直立向上生长。徒长枝的形成主要是由于骨干枝角度过大，修剪不当所致。徒长枝生长势强旺，生长季节若不采取措施，容易形成“树上树”，造成上强下弱，导致树形紊乱，产量降低，果实品质下降。

（2）结果枝。李光桃多年生枝灰褐色，嫩枝绿色，1 年生成熟枝条红褐色，叶片披针形，叶色浓绿。节间短，平均 2.5cm，新梢生长旺盛。李光桃的枝条萌芽率高，成枝力强，顶端优势明显，自然生长的树体层次不明显，结果部位容易上移和外移。李光桃成花容易结果早，各类枝条均能结果，一般成枝力强的品种以长果枝结果为主，成枝力相对较弱的品种多以短果枝结果为主。此外，因树龄不同结果枝类型也有变化，初果期树和幼树以中、长果枝结果为主，成龄树以中、短果枝结果为主，老树与弱树以短果枝和花束状果枝结果为主。李光桃新梢在当年可抽生 2～3 次，利用这一特性，通过夏季修剪，树体成形快，可提早结果。

2. 枝条的生长发育　李光桃枝条在生长季有 2～3 个生长高峰。第一个生长高峰在 4 月下旬至 5 月上旬，萌芽展叶后不久。第二个生长高峰在 5 月下旬至 6 月上旬，此阶段新梢开始木质化，6 月下旬新梢的伸长生长明显减弱。但幼树及旺树的部分强旺新梢还会出现第三次生长高峰，其他新梢此时逐渐进入老熟阶段，10 月下旬进入落叶休眠阶段。

（四）开花与结果习性

1. 萌芽与开花　李光桃萌芽力较强，一般只有枝条基部的少数几个叶芽不萌发形成潜伏芽。李光桃的潜伏芽少且寿命短，因此李光桃枝条恢复能力弱，不易更新，树冠容易衰老。

李光桃花为蔷薇形，花瓣粉红色，雌蕊稍高于雄蕊。花期适宜温度为 12～14℃，同一品种在不同的气候条件下花期持续时间不同，短的 3～4d，长的 10～17d，在花期若遇干热风等气候灾害，花期仅 2～3d。不同品种开花时间不同，同一果枝上不同节位花开放时间也不同，枝条上部花明显比基部花开得早。桃花在一般情况下均为完全花，但有时因受低温冻害或贮存营养不足会引起雌蕊发育不全而成为不完全花。春季气温不稳定，桃树花期易受到晚霜冻害，不同发育阶段能忍耐低温的临界温度为：花蕾期－6.6～－1.7℃，开花期－2.7℃，幼果期－1.1℃。李光桃花期易遭晚霜冻害，建园时应注意选择地势，遇到晚霜冻害应及时采取应急措施。

2. 授粉受精　李光桃大部分品种自花结实率较高，在花瓣打开之前，雌蕊、雄蕊已经发育成熟，部分花药开裂散出花粉，自行完成授粉。但也有些品种自花结实率低，需要配置授粉树或进行桃园放蜂或人工辅助授粉。桃的坐果率与花期温度有关，在10℃以上才能完成授粉受精，适宜温度为12～14℃。花前的1～2d为最佳授粉时期，此时柱头分泌物最多，一般可延续4～5d。在花期若遇霜冻、干旱、干热风或阴雨天等不良气候，会影响授粉受精，需进行人工辅助授粉。

李光桃花的受精为双受精。花粉从雄蕊落到雌蕊柱头上，萌发长出花粉管，花粉管通过花柱，进入子房直达胚珠，最后到达胚囊。进入胚囊的2个精细胞，1个与卵细胞结合形成受精卵，发育成胚，形成种仁；另一个与两个极核结合形成受精极核，发育为胚乳。从授粉到受精因品种、花期气候条件及树体营养状况不同而有差异，大约需2周时间。胚及胚乳正常发育有助于坐果，若中途停止发育或败育，仍然会导致果实脱落。

（五）果实的生长发育特性

李光桃开花坐果后，经过60～170d果实成熟。李光桃的果实生长发育呈双S形，分为三个阶段。

第一阶段为果实第一次迅速生长期。从谢花后子房膨大到果核开始硬化前。此阶段细胞分裂迅速，果径和重量迅速增加，胚乳迅速发育。

第二阶段为硬核期。此阶段果实生长缓慢，果核逐渐变硬，胚开始迅速生长，胚乳被发育着的胚吸收而逐渐消失。

第三阶段为果实第二次迅速生长期。自核硬化完成至果实成熟，此阶段果肉细胞迅速膨大引起果实体积与重量的迅速增加，果肉厚度明显增加，达到果实应有大小。之后果实增大的速度减慢以至停止，果皮褪绿、着色、果实进入成熟期。

（六）花芽的分化规律

1. 花芽分化过程　李光桃的花芽分化要经历生理分化和形态分化两个时期。形态分化开始前5～10d为生理分化期，此期新梢生长速度明显放慢，芽中蛋白质氮含量占总氮量的比例明显升高。

（1）生理分化。西北地区李光桃的生理分化一般于5月下旬至6月上旬开始，到7月中下旬结束。生理分化开始早晚及持续时间长短与品种、树龄、树势、新梢长度、芽在枝条上的着生位置、气候等因素有关。在同样的土壤、气候和栽培管理条件下，成龄树开始早，幼龄树则开始晚。弱树开始早，强壮树则开始晚。短梢开始早，长梢则开始晚，短梢要比长梢开始早20～30d。同一新梢上，下部的芽开始早，持续时间长，上部的芽开始晚，持续时间短。气候干旱的地区或年份开始早，降水较多的地区或年份开始晚。生长季长的地区开始早，结束晚，持续时间长。生长季短的地区则开始晚，结束早，持续时间短。

（2）形态分化。李光桃形态分化可分为开始分化、萼片分化、花瓣分化、雄蕊分化和雌蕊分化五个时期。生理分化开始后不久即转入形态分化，秋季落叶前，芽内逐渐分化形成萼片、花瓣、雄蕊、雌蕊原始体。不论分化开始早晚，冬前均可分化形成雌蕊原始体，此后花芽进入冬季休眠状态。第二年早春花芽萌动期，花粉母细胞开始减数分裂，形成单核花粉，此时距开花40d左右。开花前10d左右，单核花粉发育成双核花粉，花粉粒即告成熟，与此同时，雌蕊则分化形成胚珠与胚囊。

2. 花芽分化的时期及影响因素　李光桃花芽分化大都集中在6—8月，具体分化时间因栽培区域、品种、树龄、树势、气候、结果枝类型、栽培技术等不同而略有差别。一般李光桃花芽分化幼龄树比成龄树晚，长果枝比短果枝晚，同一枝条梢部比中下部晚。

环境条件和栽培技术均能影响花芽分化的时期、数量及质量。日照强、温度高、雨量少能促进花芽分化。幼树控制肥料施入量、夏季摘心、采收前追施氮磷肥等有利于促进枝条充实和养分积累的措施，都能促进花芽分化的效果。

李光桃花芽形成后需要一段时间的休眠，通常需要 7.2℃以下的低温 750～1 250h，而后待日平均温度达 10℃左右时开始开花，同一品种花期为 7d 左右，花期长短因气候条件而异。李光桃大部分品种为完全花，即在雄蕊的花药中产生成熟的花粉，但也有部分品种雄蕊退化，花粉很少或产生的花粉很少。

第二节　李光桃对环境条件的要求

李光桃起源于我国西北干旱荒漠区，树体具有许多旱生结构和发达的根系，其野生种分布于我国新疆、甘肃等地。李光桃对环境适应性强，栽培种遍及世界各地。

一、温度

李光桃喜温，对温度的适宜范围较广，生长期平均温度在 13～18℃的地区即可栽培。生长期月平均温度在 24～25℃时，产量及品质最佳。花芽分化期和果实成熟期要求日平均温度在 18℃以上，以 25℃生长最好，高于 30℃果实生长缓慢。李光桃能耐高温，在夏季高温达 38～42℃的地区仍可正常生长。李光桃抗寒性强，在冬季休眠期能耐－25～－20℃的低温，因品种不同而略有差异。冬春干旱及花前低温对桃坐果率有直接影响。

二、水分

李光桃抗旱不耐涝，土壤含水量在 20％～40％就可正常生长，而根系浸水超过 48h 就会造成落叶和植株死亡。在地下水位较高或排水不良的桃园，其常表现为根系早衰、叶片变薄、颜色变淡，落叶、落果、桃流胶病发生严重。生长期灌溉次数过多或雨水过多会导致枝叶徒长、花芽形成少、落果多、果实着色差、风味淡、裂核加重、病害发生严重等不良现象，在北方地区冬季易受冻害。桃果实含水量达80%～90%，枝条含水量为50%，水分供应不足会影响果实的发育和枝条正常生长。春季水分供应不足会导致萌芽慢、开花迟，在西北地区易发生抽条。

三、光照

李光桃喜光，不耐荫蔽。对光照较敏感，当密植栽培或树体郁闭时，有枝条变细而弯曲、顶部枝叶徒长、密闭区域枝条枯死、内膛光秃等现象。栽培中应选择年平均日照时数在2 500h以上的地区，株行距不宜过小，采用高光效整形修剪技术，保持树体通风透光。

四、土壤

李光桃根系呼吸旺盛，最适宜在疏松肥沃、排水和通气良好的沙质土壤中生长。在微酸性至微碱性土壤中都能栽培，但忌重茬。适宜pH为5.5～7.5，pH小于4.5和大于7.5时生长不良。李光桃有一定的耐盐碱能力，在全盐含量0.05%～0.10%的土壤中也能发育生长，但全盐含量大于0.28%时便会出现生长不良甚至死亡现象。所以，在盐碱地栽培李光桃需进行土壤改良或用耐盐碱砧木。

第三章 李光桃育苗技术

桃树是喜光、耐旱、较耐寒的小乔木，它结果早、衰弱快、寿命也短，一般情况2～3年结果，5～15年进入盛果期。桃树在我国分布很广，品种繁多，嫁接是栽培桃品种改良的重要途径，嫁接常用的砧木以毛桃为主。毛桃的适应性广，亲和力强，根系发达，是进行繁殖优良品种桃的主要砧木。

第一节 砧　木

一、主要砧木种类

由于砧木对桃树的生长、产量、抗性以及对周围环境的适应性都有明显的影响，所以在发展桃树时，应根据当地气候、土壤、栽培条件、管理水平、病虫害等多方面的因素来决定砧木的种类，这是决定嫁接成活与否的重要环节。常见的桃砧木有扁桃、山桃、毛桃、杏、李等。

1. 扁桃　有矮化作用，杏、李可以成活，但后期不亲和。

2. 毛桃　主要优点是与栽培桃嫁接亲和力强，嫁接后成活率高，根系发达，生长快，结果早，品质也好；缺点是嫁接树寿命较短。

3. 山桃　主要优点是抗寒、耐旱力强，亦耐盐碱土壤，抗桃蚜，主根发达，嫁接亲和力较强，成活率高，裂皮少，生长健壮，寿命长，为目前我国北方桃产区应用广泛的砧木品种。山桃砧木的缺点是不耐涝，积涝时易患桃黄叶病、桃根腐病和桃颈腐病。

4. 杏、李　可以成活，但后期不亲和。

目前，酒泉栽培桃砧木应用最广的是山桃和毛桃。

二、砧木培育

（一）圃地选择

选择土壤有机质含量高、土地平整、灌排水方便、光照充足、无高大建筑群和高大林木、通风透光、运输方便的地方。土壤以沙壤土为好，土层深度60～80cm，pH稳定在6～7之间为宜，地下水位不应超过1m。

（二）育苗地整理

1. 秋播育苗地的整理　一般在秋收后立即整地，整地前将地表可见的地膜、碎石、塑料制品等有害物质清理干净。人工挖除冰草、马旋花（俗称扯拉秧）、刺儿菜等顽固性杂草，杂草根、茎随时移到地外，以免犁地时杂草翻埋到土壤造成二次繁殖。深翻土壤20～40cm，阳光暴晒1～2个月，这样有利于改善土壤有机质含量、加快消灭病虫害、清除顽固性杂草。平整前查验土壤干湿度，过干或过湿平整土地费时费力，增加劳动成本。灌水要浅灌，灌后1周用旋耕机耙耱待播。

2. 春播育苗地的整理　采用先灌后翻，结合冬翻施底肥，耙耱越冬。开春后及时耙耱镇压保墒，待播。春灌地要尽量早灌，争取4月5日前结束。冬翻未施底肥，要结合春翻施足底肥，深翻20cm以上，耙耱待播前土壤达到“齐、平、松、碎、净、墒”六字标准。

齐：农田灌溉设施配套齐全，沟渠畅通，交通便利，布局合理，集中连片，科学种植。同一地块不宜混播，果园、林下不宜套种。

平：对播种地精耕细作，平整深翻，耙耱保墒。水闸（口）处设置跌水池（缓冲口），以防水流湍急冲毁地面。周围地埂加固牢靠，以防灌水时泄漏，影响其他农作物。

松：选择土层深厚的沙壤土，若是黏土最好掺拌青河沙，改变土壤结构，防止土壤板结，提高出苗率。

碎：耙糖破碎裸露于地面、地埂的土块和农家肥结块等，利于土壤保墒。

净：结合犁地、平整，对田间地埂的残枝枯叶、树根、地膜、石头以及沿线沟渠的淤泥、树叶、垃圾应彻底清理，以防病害、杂草种子流落到播种地。

墒：播种前，检查土壤湿度是否适于耕种，尤其是旱田。简单判断土壤湿度通常用手来鉴别，一般分为4级：①湿。用手挤压时水能从土壤中流出。②潮。放在手上留下湿的痕迹可搓成土球或条，但无水流出。③润。放在手上有凉润感觉，用手压稍留下印痕。④干。放在手上无凉快感觉，黏土成为硬块。播种地不宜太湿或太干，把土壤放在手上有凉润感觉手压能留下印痕，湿度一般为45%～60%，即可播种。

3. 施足基肥

（1）施肥时间。施基肥一般结合冬翻或春翻入土，也可在育苗播种前7～15d进行。

（2）基肥选择。肥料以有机肥和完全腐熟的农家肥为宜。有机肥料中含有大量的有机质，经微生物作用，形成腐殖质，能改良土壤结构，使其疏松绵软、透气良好，这不仅有利于作物根系的生长发育，而且有助于提高土壤保水、保肥能力。农家肥虽然营养成分的种类广泛，但是含量较低，而且肥效较慢，不利于作物的直接吸收。农家肥需与化肥一起使用，才能使肥料中的营养元素被充分吸收，因此有机肥是基肥的最佳肥料。

（3）施肥量。农家肥每亩施入3 000～5 000kg，有机肥每亩施入200～300kg。

（4）施肥方法。

①有机肥。将有机肥均匀撒施于地表，然后深翻20～40cm，一般结合翻地进行。

②农家肥。在每100kg农家肥中添加硫酸亚铁500～600g，可

使人粪尿中的碳酸铵转化成性质较稳定的硫酸铵，从而有效地抑制人粪尿中的氮素损失；在100kg农家肥中添加5kg过磷酸钙，搅拌均匀后摊贮3～5d，可使人粪尿中极易挥发损失的硫酸铵转化成性质稳定的磷酸铵，以磷保氮；在圈肥中添加其重量2%的过磷酸钙，充分搅拌均匀后堆贮20d左右，即成为优质的有机肥料，肥效可提高1倍以上。有机肥应均匀撒播于地面，然后深翻，可以结合整地或起畦时同步开展。

（三）播前工作

1. 种子的采集　应从品种纯正或类型一致、生长健壮、无病虫害的成年母株上采种。采种时要选择发育良好、种子饱满的果实。发育不正常或畸形的果实，往往种子发育也不好。

（1）采收时间。8月中旬至9月上旬，毛桃果皮逐渐发黄，种子陆续成熟，此时便可采摘。切记不宜过早采摘，避免种子饱满程度不高，影响发芽率。

（2）种皮处理。采收后，立即去除果肉，洗净晾干。具体方法：将采收的毛桃堆成30～50cm高的堆，在阴凉处放置10～15d后，果肉逐渐腐软，此时人工将果实搓碎。有条件的也可采取机械除皮，但种核不能破损。毛桃放置时间不宜过长，若时间过久，果肉气味难闻，影响操作；同时水分蒸发后，果肉干枯，核皮黏连，导致除皮不净。

（3）种子分级。除皮后，反复清洗种核，将附着在种子上的果肉残渣和黏液冲洗干净。然后对种子进行水选分级。捞出漂浮在水面的干瘪种子，然后捞出沉淀在水中的种子，晾晒至70%～80%干后，分别将种子用麻袋、布袋、筐或纸箱装好，存放在通风、干燥、阴冷的库房贮藏。

种子贮藏注意事项：影响种子贮藏后发芽力的主要因素是种子的含水量和贮藏环境的温度、湿度、通气状况。桃种子贮藏的安全含水量与其充分风干时的含水量大致相等。种子贮藏环境的相对湿度一般要求保持在50%～80%。贮藏温度以0～8℃为宜。贮藏环境湿度或温度过高，常使已干燥种子的含水量增加，呼吸作用增强，种子内积累的营养物质消耗增多，生活力降低，甚至引起霉烂。贮藏环境通气不良，会造成种子堆内部的二氧化碳大量积累，使种子中毒受害。

2. 层积处理 种子的层积处理就是为种子创造有利于后熟的条件，使其提早通过休眠，及时萌发，并促使出苗整齐。种子的层积处理通常用洁净的河沙为材料。具体方法：入冬前后，先将种核放入清水中浸泡3～5d，种核充分吸水后，在排水性良好、阴凉干燥地挖1个1m深的坑，向层积坑底中央垂直插入玉米秸秆3～5根（层积时要扶正玉米秸秆，不能倾倒），便于种子通风透气，以防因积水腐烂。河沙的用量因种子总体积大小而不同。中小粒种子一般为种子总体积的3～5倍，大粒种子则为5～10倍。河沙的含水量为5%～6%，一般以手握能成团而不滴水，但一触即散或落地开花为宜。层积时可直接将种子和湿河沙按照1∶3的比例拌匀后堆积，堆积高度一般为45～60cm，再铺上1层40cm厚的河沙，最后回填1层薄细土。若降水量过多，应在层积表面铺膜，以防积水过多引起种子霉烂。层积沟（坑）应选在背阴排水良好处。在层积过程中要翻动种子1～2次，调节通气与湿度，并剔除霉烂种子。层积时间需80～120d。

3. 播种

（1）播前准备。

①育苗地消毒。育苗前，每亩用50%多菌灵可湿性粉剂1kg与细土按1∶25的比例配制成混合土均匀撒播在苗床上，对土壤进行消毒。

②确定育苗模式。桃播种地一般以高畦、高垄、平垄为主。高畦、高垄栽培模式的优点利于播种、浇水、施肥、除草、病虫害防治等日常管理和嫁接操作，苗圃地空间大，通风透光，桃苗长势旺盛，但整地成本高、苗木出圃率低。平垄栽培模式的优点是土地平整、保水和保肥能力强、苗木密度大、出圃率高，但相比高畦、高垄栽培模式管理难度大，桃苗生长势小。在实际生产中，秋季一般采用平垄播种，春季一般采用高畦、高垄播种，也可选择平垄

播种。

（2）播种期。播种时期根据各地区气候条件而定。适时选择桃播种期是使桃种子发芽、幼苗到壮苗的各个生育期获得有利气候条件、植株正常生长的重要措施。桃播种在春秋两季均可进行。秋播的优点是秋播苗比春播苗粗壮，又能减少种子处理环节，在生产上多以秋播为主。秋播在晚秋土壤封冻前进行，春播为翌年4月中下旬播种，也可根据沙藏种子发芽情况而定。随着温度的上升，沙藏种子逐渐开始发芽，因此每天要观察种子发芽情况。当种子发芽率达30%～40%时立即播种。若是春播之前没有对种子进行冷冻（层积）处理，也可破壳浸种，就是敲击种子使种核破裂，再进行浸种24h后播种。此方法出苗率可高达90%以上，但敲击费时费力又易损伤种仁，种子易腐烂，降低发芽率。

（3）播种密度。适宜的播种量和种植密度是提高经济效益的前提，播种量过少，虽然单株生产力高，但总株数不足，很难高产；播种量过多，不仅幼苗生长细弱，浪费种子，间苗、定苗费工，而且很难培育壮苗。因此，播种前应结合种子千粒重、发芽率等确定适当播种量。桃播种量一般为每亩8 000～10 000株，毛桃种核用量为50～75kg。

（4）播种方法。常用的播种方法有条播和点播两种。

条播即将种子成行地播入土层中，无须层积沙藏处理直接播种。其特点是播种深度较一致，种子在行内的分布较均匀，便于进行行间中耕除草、施肥等管理措施和机械操作，因而是目前广泛应用的一种方式。桃播种按行距及播幅的不同又有各种不同规格：①宽行条播。行间距离一般为35～70cm。②窄行条播。一般行距10～30cm。③宽窄行条播。宽行与窄行相间，便于机械化作业。④带状条播。若干窄行间隔1条宽行，两个宽行之间的几条窄行称为带。采用这种方式，利于在宽行内进行中耕除草或套种其他作物。⑤宽幅条播。播幅宽于一般条播，而幅距往往较窄。土地利用率较高，有利于密植和集中施肥。桃种子入土后，先将沟两侧浮土回填镇压，在沟表面覆盖3cm厚的河沙，防止土壤板结，利于出苗，最后浇1次透水。播种后无须覆盖地膜。铺膜虽保墒、地温上升快、种子易发芽，但放苗工作量很大，不利于大面积育苗。况且，当桃种子萌芽后，因得不到及时放苗，随着温度的迅速升高，膜内幼苗容易烧死。

点播又称穴播，即在播行上每隔一定距离开穴播种。点播能保证株距和密度，有利于节省种子，便于间苗、中耕。株距一般3～5cm，深度3～5cm，行距与条播一致。

（5）播种注意事项。

①掌握播种深度。酒泉自然环境恶劣、气候干燥、年降水量少，冬季降水量更少，因此适宜的播种深度是育苗成功的关键。播种过深，延迟出苗，幼苗瘦弱，根茎或胚轴伸长，根系不发达；播种过浅，表土易干，不能顺利发芽，造成缺苗断垄。

②做好鸟兽预防。在保护好野生动物的同时，可采用果园冲击波驱鸟器，全力防护播种地。

③适时浇灌春水。播种当年如果雨雪稀少，冬天水分大量蒸发后，土壤干燥，秋播种子难以达到萌芽状态。春水一般在3月底至4月初浇灌，也可根据降水量或土壤干湿度确定是否浇水。春水宜浅不宜深，水过深不利于土壤温度提升，种子长期浸泡易腐烂。

（6）生长期管护。

①间苗。完全出苗后，人工拔出稠密、多余部分的幼苗。露地播种的桃苗一般间苗两次。第一次在幼苗出齐后，拔除紧靠、黏合在一起的苗木，拔除中勿损伤其他相邻苗木；第二次间苗也叫定苗，在幼苗长到3～4片真叶时进行，按照5cm×10cm的株行距及留壮间弱原则，一般均留1株壮苗，间下的桃苗可以补栽缺株。间苗后应及时浇水，以防在间苗过程中被松动的小苗干死。间苗最好在浇水2～3d后进行，这样容易连根拔除。

②抹芽。在距离地面10～15cm高度范围以内，及时抹除侧芽，目的是使嫁接的部位是光平的，同时在苗木的基部培土可以软化皮层，嫁接的时候容易剥离。

③浇水。4月中下旬，种子陆续进入萌芽期，为防止土壤表面

干燥，要求土壤水分应为田间最大持水量的60%～70%。夏季高温天，在降雨或大量浇灌后应及时注意排除圃地积水，若出现积水，会降低圃地土壤有机质的分解速度，影响苗木根系的正常呼吸，常引起根系腐烂，甚至在高温条件下出现大量死苗。进入秋季，应控制浇水量和次数，一般浇1次透水直到冬灌。

④追肥。桃苗生长量很大，当新梢生长至10cm时开始追肥，每30d追施1次，每亩追复合肥15～20kg，尿素每次施10kg，全年不少于3次，施肥后及时浇水。8月后停止施肥。

⑤摘心。摘心是指对当年萌发的新枝打去顶尖。摘心的作用有两点：一是促进分枝，增加枝叶量，也能缓和幼树的生长势，避免“冒大条”。二是加快培养结果枝组，促进花芽分化。第一次摘心时间为新梢生长到半木质化或新梢长至25～35cm时，约摘掉新梢的1/3，同时还要将摘心后枝前端的1～3个叶片摘除，充分贮备营养，以利芽的萌发。摘心不能过早也不能太晚，一般在5月下旬至6月中旬桃苗生长旺盛期进行，摘心过早，往往只在先端萌发1芽，仍然跑单条，达不到促进分枝的目的；摘心太晚，新梢已接近封顶阶段，既消耗了营养，又达不到缓和树势的效果。第二次摘心时间，一般在6月上旬至7月上旬或新梢封顶前7～10d进行，因为早了促进发枝，晚了形成腋花芽的作用又不大，这个主要作用于盛果期树，对幼树基本没有作用。摘心宜在上午或阴天进行。

第二节　嫁接及苗期管理

一、嫁接准备工作

（一）嫁接工具

在嫁接前，要对所用的工具进行检查，刀剪之类一定要磨好。刀子若不快，一方面影响操作速度，愈合面接触空气时间长易被氧化；另一方面是削不平，接穗和砧木双方接触不严密影响嫁接成活率。另外，嫁接膜可选用专用嫁接膜，亦可裁切普通加厚地膜。

（二）砧木园嫁接前管理

在生产上嫁接用的砧木，要加强肥、水和病虫害等管理，培养壮苗。芽接用的小砧木，在接前应将砧木 20cm 以下的副梢剪去，在接前 1 周全园喷 1 次杀虫剂，以消灭红蜘蛛、飞毛虫等虫害，便于嫁接操作。此外，在嫁接前 1 周进行灌水，可促进砧木离皮和愈合。

（三）接穗采集和贮存

选择没有病虫害、生长与结果良好的成年树，采集分布在树冠外围生长充实、芽比较饱满的健壮枝条，以当年生的春梢、夏梢为宜，最好不要用秋梢，因为秋梢木质化没有完全形成，芽不是很饱满。芽接接穗采集应选择上午或阴天进行，及时剪掉叶片，保留 2cm 左右长的叶柄，最好随采随接。最后，根据穗条的长短、粗细、形状进行分级，穗条基部要对齐，每 20～30 根用绳上下各捆 1 道打成 1 捆，挂牌注明品种。

1. 穗条贮存前的准备工作

（1）准备干净的河沙。准备干净的湿河沙置于地窖或阴凉背阴处，河沙湿度以手捏成团但不滴水，轻轻放下又能散开为宜。湿度不宜过大，如果在接穗贮存过程中沙子湿度不够，可以在沙堆表面撒一定量的水，以确保接穗不失水。

（2）消毒。压穗前，地窖应全面消毒。可选用高锰酸钾 400～600 倍液喷洒地窖每个角落后封闭门窗杀菌消毒。也可采用硫黄熏蒸法，每立方米空间用硫黄 6g、锯末 8g，每隔 2m 距离堆放锯末，摊平后撒 1 层硫黄粉，倒入少量酒精，逐个点燃，关闭门窗 24h 后放风排烟。这种方法消毒效果好、取材容易、成本低。

2. 贮存方法 采集的穗条经修剪、分级、包装、标注后应立即贮存，以防止水分流失。春季接穗贮存方法主要有沙藏法和蜡封法。

沙藏法又分为全掩埋和半掩埋两种，全掩埋是把捆好的穗条依次单层平铺在沙床，然后在穗条上面覆盖 1 层厚 20cm 的河沙；半掩埋是针对地窖空间小、接穗数量多时采用的一种贮存方法，将捆好的穗条基部朝下，依次倾斜摆放在沙床上，然后将穗条下半截用沙掩埋。沙藏成功的关键是每捆穗条间隙要充分填满沙，这样贮存的接穗才能保持水分。沙藏期间，地窖温度保持在0～8℃，要密闭门窗，经常检查沙的湿度，过干应及时泼适量水，以保持湿度，此法可使穗条保存至立夏后也不会萌动。

蜡封法是把接穗用石蜡包裹起来，在接穗外表均匀涂抹一层薄的石蜡，可以使接穗水分蒸发减少90%，而不影响接穗芽的正常萌发和生长，减少了埋土和包装工序，达到省工、省料、成活率高的目的。主要做法是：将市场销售的工业石蜡碎成小块，放入铝锅、铁锅、罐头筒或洗脸盆等容器内，加入适当的水（约石蜡容积的1/3），然后加热至熔化。另外把剪好的接穗放在阴凉处待用，接穗长一般为8～10cm（保留2～4个饱满芽），阴凉地面铺1层棚膜。当石蜡与水的混合液蒸腾开锅时，水温约100℃，此时将接穗的1/2蘸入熔化的石蜡中，并立即拿出来（一般不要超过2s）均匀放置在事先准备好的棚膜上面，后再用手拿住已封蜡的另一头，将剩余的1/2蘸蜡并立即取出，这样可使整个接穗均匀蒙上一层很薄、光亮的石蜡层。如果接穗数量大，蘸蜡过程速度一定要快，石蜡温度不要超过130℃，温度过低接穗石蜡层就会加厚，一不小心，石蜡层就会裂变脱落，接穗的蜡层一旦脱落，失去保护层的接穗就会失水风干、皮层变皱，影响嫁接成活率。温度过高或蘸蜡速度较慢易烫伤接穗，使接穗失去生命活力，必然降低嫁接成活率。如果接穗数量较少，可用罐头筒熔蜡，然后逐根蘸接穗；如果接穗数量较大，可用铁锅熔蜡，将数十根接穗放在漏勺里蘸接穗。蘸好蜡的接穗晾凉后，将接穗装在带孔的保鲜袋或不带盖的塑料筒内后，存放到低温、潮湿的地窖内。如果数量较少，也可贮藏在冰箱保鲜层，冰箱温度设置为0～5℃。

判断石蜡温度的方法：如果石蜡溶液开始冒白烟，说明石蜡温度已超过130℃，此时要停止给石蜡加热；如果石蜡没有出现冒白烟现象，说明石蜡温度保持在100～130℃，此时的石蜡温度是蘸接穗的适宜温度。

秋季接穗贮存方法：如果要短期贮存，采用湿锯末或湿布进行分类包装，挂好品种标签。可把接穗存放在阴凉的地窖中，或者把接穗放篮里吊在井中的水面上，这样可保存5～7d。如果接穗要外运，则采下后应立即用塑料薄膜包好密封，远途运输时塑料包内要放些湿锯末，达到保湿的目的。

二、嫁接时期

1. 春季嫁接 春季枝接可以在砧木芽萌动前或开始萌动而未展叶时进行，这时气温回升，树液流动，有利于嫁接成活。过早则伤口愈合且易遭不良气候或病虫危害，过晚则易引起树势衰弱，甚至到冬季死亡。

2. 秋季嫁接 秋季芽接一般在枝条（接穗）上芽成熟后进行，这个时期多在夏末秋初，酒泉当地通常在入秋前后进行。如果芽接过早，芽分化不完全，鳞片过薄，表皮不完全角质化，不容易嫁接成活；过晚则砧木和接穗不易离皮，形成层细胞不活跃，愈伤组织难以形成，也影响成活率。芽接最好不要在雨季嫁接，以防接口进入雨水而影响成活。

三、嫁接方法

嫁接方法很多，根据接穗利用情况，分为芽接和枝接；根据嫁接部位不同，分为根接、根茎接、二重接、腹接、高接；根据接口形式不同，分为劈接、切接、插皮接、嵌芽接、靠接等，但常用的嫁接方法是芽接和枝接。酒泉由于冬季气温较低，主要在入秋前后进行芽接，过早则接芽当年易萌发，冬季易受冻；过晚则不易离皮，愈合困难。

1. 芽接 用1个芽片作接穗的称为芽接。芽接是生产中最常用的一种嫁接方法，其操作简便易掌握，工作效率也高，能经济利用接穗，每个成熟的芽都能繁殖成1个新植株，便于大量繁殖。另外，愈合容易，接合牢固，成活率高。砧木利用率高，一般1年生的小砧苗，只要茎粗达0.5cm以上就可用芽接。所以，有些不适宜枝接的较细砧木可采用芽接法进行嫁接。还有，芽接一般嫁接后10d左右就能识别是否成活。对未成活的还能及时进行第2次和第3次补接，或改用其他嫁接法。芽接可嫁接的时间较长，在酒泉地区除夏季高温时期，从春季树液开始流动到秋季，只要树皮容易剥离、砧木已达到要求的粗度、接芽已发育充实即可进行嫁接。

芽接的关键是操作要迅速，削面平滑，形成层互相对齐，绑扎牢固，接口保湿。如果嫁接时干旱或接芽失水以及伤口暴露于空气中时间过长，易氧化而影响成活，因此在芽片削取后，要迅速削好砧木切口，立即插入芽片并加绑缚。以下介绍常用的几种芽接方法：

（1）T形芽接。T形芽接是果树育苗中应用最广、操作简便而且成活率高的嫁接方法。砧木一般用1～2年生的小砧木，如果用大砧木则需在1年生枝上嫁接。砧木过大时，因树皮增厚而不好操作，而且嫁接后不易成活。嫁接前采带叶的新鲜接穗，立即将叶片剪除，留有叶柄。用芽接刀从接穗上由上而下顺序取下盾形芽片，芽片长2cm、宽1cm，芽居正中或稍偏上一些。在砧木地面以上5cm左右处选光滑无疤的部位切一个T形，然后用刀将T形切口交叉处稍撬开一些，把芽片放入切口，向下插入，使芽片上边与T形切口的横切口对齐。然后用1.0～1.5cm宽的塑料条由下而上一圈压一圈把伤口全部包严，叶柄可以包在里面或者把叶柄露出，塑料条的末端往回一穿拉紧即可。T形芽接通常在8月上中旬进行。当年芽不萌发，到翌年开春芽萌动前剪砧。剪砧方法是在芽上部留15cm左右剪掉砧木，把砧木上的芽抹掉，待接穗芽萌发成枝后即用作支棍，把新梢绑在砧木上，以防被风吹折，待秋后嫁接苗完全木质化后再剪掉砧木。

（2）I形芽接法。该法与方块芽接基本相同，只是砧木切口呈I形。这种方法是将砧木皮往两边撬开，所以又称双开门芽接。插入接穗后再用砧木皮包住芽片，而后进行捆绑。

（3）嵌芽接。该法是带木质部的芽接方法，适合于春季进行。嫁接时用1年生枝作接穗，这种方法比枝接节省接穗，成活后愈合良好。可用于苗圃嫁接，也适合于较大的砧木。接穗芽从上而下切取，取芽时先在芽的下部斜切一刀，然后在芽的上部由下而上平削一刀，直至上刀切口为止，两刀相遇，芽片即可取下，芽片长2cm、宽不等，视接穗粗细而定。砧木选好部位，在芽眼下先横斜削一刀，再由上到下斜削一刀，用刀切出一个削面，而后将接穗芽片嵌入，最好左右上下形成层都对齐，再用塑料条捆绑。由于接后要求芽萌发，所以捆绑时要露出芽来，同时把接芽上部的砧木剪去。嵌芽接的口诀是：下边蹬实，两边对齐，上边露白。

2. 枝接 枝接主要的操作技术不如芽接简单而容易掌握，但在秋季芽接未成活的砧木进行春季补接时多采用枝接法，尤其砧木粗大、砧穗均不易离皮或需要进行根接、冬季室内嫁接和大树高接换头时，则采用枝接，同时枝接可在休眠期进行。枝接时期通常分春秋两季。早春树液开始流动，芽尚未萌发即可嫁接，只要接穗保存在冷凉处不发芽，一直可接到砧木已展叶为止。在酒泉地区，春季枝接在4月中旬至5月上旬。常用的枝接方法有以下几种。

（1）插皮接。插皮接操作简单，嫁接速度快，成活率高。一般直径在1.5cm以上的砧木，都可以采用这种方法。嫁接时，先在砧木合适的高度（一般低距地面6cm处）选择树皮光滑无疤的地方锯断或用枝剪剪断，再用刀削平锯面，然后把已经蜡封的接穗削1个长3～5cm的斜面。接穗削好后，在伤口处向里插入砧木的木质部与韧皮部之间的形成层处。如果砧木不裂口即可把接穗钉进去。注意不要把接穗的伤口全部插进去，应使0.5cm的伤口露在上面，即露白，这样可以使接穗露白处的愈伤组织和砧木横断面的愈伤组织相连接，保证愈合良好，避免嫁接处出现疙瘩，影响嫁接树的寿命。插入接穗后，用一根长40cm、宽3～4cm的塑料条将伤口包严。既能防止伤口水分蒸发，又能固定接穗。用这种方法包扎后，可不必埋土或用塑料筒包扎。蜡封接穗可以有效地减少水分蒸发，节省了操作过程，达到省工、成活率高的目的。

（2）插皮舌接。插皮舌接类似插皮接，也用沙藏或蜡封接穗，但在接穗插入处将砧木老皮剥去，露出嫩皮，插接穗时需将木质部插入砧木形成层中间，韧皮部贴在砧木嫩皮上，然后用塑料条捆绑。这种方法除形成层相接外，又增加了双方韧皮部的接合。

（3）劈接。劈接是先锯断砧木并削平锯口，然后在砧木中间劈一垂直切口。接穗采用蜡封接穗，削成楔形，外侧宜稍厚于内侧。如果砧木较粗夹力太大，可以内外厚度一致或内侧稍厚，以防夹伤外侧的接合面。一般接穗的削面长3～5cm，削面要平，每个接穗留2～4个芽，顶芽最好留在外侧。接穗削好后，可以将砧木劈口撬开，然后把接穗放入劈口，对准双方形成层，如果不能两面都对准，则可以一面对准，一面靠外。一般是“靠外不靠里”为好，即接穗的形成层和砧木形成层外的韧皮部相接对齐，注意不要把接穗口全部插入劈口，要留白0.5～1.0cm，有利于伤口愈合。包扎方法同插皮接。

劈接一般在4月底或5月初进行，在新植砧木苗距地面3～5cm处将砧木剪断，选择外表皮光滑平直的一面，用刀垂直向下劈开长1.5cm的劈接口，接穗剪留2～3个饱满芽为1段，将接穗下端削成长1.2cm两面对称的楔形，削面要平直、光滑，然后将其插入劈接口。如接穗细小，可使接穗与砧木的一边皮层对齐，即形成层紧密结合，然后用塑料条捆紧。为提高嫁接成活率，嫁接后可用塑料薄膜袋套接穗，塑料薄膜袋的规格以砧木的大小而定，然后将塑料袋开口端连同砧木一起捆严密，不透气，这样可提高袋内的温度和湿度，对提高嫁接成活率有显著作用。

嫁接后经10～15d，接穗即可萌芽生长。当接穗的叶片展开时，要及时破袋放风、透气，以免造成日灼、闷死接芽和幼叶。放风后新嫁接的枝条即可迅速生长，一般在放风后20d左右，劈接口即可愈合，这时应及时把套袋取下，解开劈接时捆绑的塑料条，使其接条正常生长。在接穗以下部位生长出的枝条应及时清除掉，以免和接穗争夺水分和养分，影响接穗的生长与发育。当接芽萌发后，应及时防治病虫害。

用这种办法培育的苗木当年嫁接出圃率可达95%以上，可使桃树成品提前1年出圃，提高土地利用率。此种办法也可适用于当年芽接后缺苗、断垄地段的应急补苗措施。

（4）切接。切接一般适用于小砧木，是苗圃春季枝接常用的一种方法。嫁接时先把砧木剪断，然后劈一垂直切口，切口宽度与接穗直径相等，长度一般3～4cm。砧木切好后，在沙藏或蜡封接穗的正面削一刀，长3～4cm，背面削一马蹄形小切面，长1cm，接穗留2～3个芽。接穗削好后，把大削面向里放入砧木切口，使接穗与砧木形成层对齐。一般操作熟练时两边都可以对上，如果技术不熟练，两边形成层不能全部对上时，则一定要对准一边，然后用塑料条绑紧包严。

（5）根接。根接与枝接、芽接不同，枝接和芽接主要用实生苗或营养繁殖苗作砧木，而根接则是以根段为砧木，把接穗接在根段上。根接具有充分利用根段、提高砧木苗利用率、苗木出圃时间短、成本低以及嫁接操作简便的特点，如能精细管理，成活率也很高。一般苗圃嫁接时需1年生砧木苗和1年生嫁接苗，共需2年时间。但用根接只需1年时间。这种方法可解决砧木种子缺少并满足培育自根苗的要求。嫁接前先收集砧木的根系，一般可以深翻苗圃地或树下部的根系，然后集中起来，选直径0.1～0.3cm的须根，剪成10cm左右长的一段。接穗也剪成8cm左右长的小段，上有2～3个芽。嫁接方法多采用劈接或腹接。不过要把接穗的下端作为砧木接口，根的上端作为接穗的下端进行切削，方法可用插皮接或劈接。把根系插入接穗的切口中，每个枝上可以接1～2条根，接后用绳子捆绑。接后放入愈合箱中愈合，半个月后再和插条繁殖一样定植到田间去。根接法都是早春在室内进行，也是一种室内嫁接方法。根接法应注意以下几点：①在根接时，一定要将根的形态学上端与接穗的形态学下端相接合，上下端千万不能接错，否则难以成活。②砧木与接穗接合部位的形成层一定要对准，接触面一定要尽量大些，成活率才高。③嫁接操作一定要快，不管是哪种嫁接方法，削面暴露在空气的时间越长，削面就越容易氧化变色，成活率就越低。④嫁接后接合部位一定要绑紧，让砧、穗的形成层紧密接合，促使嫁接成活。⑤嫁接后接合部位保持一定湿度是嫁接能成活的关键之一。因为形成愈合组织需要一定的湿度条件。当前采用的塑料薄膜绑缚或套塑料袋或用湿沙堆埋结合部位，都是保湿、保活的有效措施。

四、苗期管理

嫁接之后的管理工作非常重要，这是确保嫁接成活并能结果的重要一环。如果管理不到位，虽然嫁接很成功，但最后也会造成前功尽弃。因此，不能仅满足于成活，还必须及时认真地进行管理。

1. 除萌蘖　嫁接之后，砧木上都会长出许多萌蘖，为了保证嫁接成活后的新梢迅速生长，不使萌蘖大量消耗养分，应及时去除萌蘖。尤其是一些嫁接亲和力较差的组合，砧木萌蘖极多，若不及时除去，会导致新梢生长逐渐变慢，并逐步死亡。在大树高接换头时，为了防止内膛空虚，保留一定的叶面积，使地上地下得到平衡，可在膛内留一定数量的萌蘖，待秋季进行芽接，或第 2 年春季进行枝接。

2. 解捆绑　嫁接时，大多采用塑料条捆绑。塑料能保持湿度、有弹性、绑得紧，但缺点是时间长了以后，影响接穗及砧木的生长。所以嫁接成活后，要及时解除捆绑物，最好把塑料条解开，切记只松不取，待伤口完全愈合后再将塑料完全取下。

3. 立支柱　嫁接后的植株，枝条还没有长牢固，很容易被风吹折。当新梢长到 30cm 左右时，结合解塑料条，在砧木上绑 1 根支柱，用活扣把新梢捆在支柱上，芽接的可在边上立 1 根支柱，然后把新梢绑在支柱上，绑时不要太紧或太松，以免勒伤枝条或不起作用。大树高接时生长量大，支柱要长一些，一般长 1.5m，下部牢牢地固定在砧木接口下部，才能起到保护新梢的作用。上部每隔 20～30cm 用塑料条固定 1 道，把新梢固定在支柱上，以免受风害。采用腹接法和留活桩的芽接，可直接将新梢固定在砧木上。

4. 水肥管理　6 月下旬每亩要追施尿素 15～20kg，7 月下旬追施复合肥 15～20kg，施肥后及时浇水。同时，为促进苗木木质化形成，7 月中旬开始叶面喷施 0.3%～0.5%磷酸二氢钾 1～2 次，提高苗木越冬能力。

5. 病虫害防治 桃树幼苗期病虫害主要有白粉病、早期落叶病、食心虫与顶梢卷叶蛾。5月中旬、6月上旬各自喷洒1次50%甲基硫菌灵悬浮剂800～1 000倍液；7月中旬喷洒1次50%甲基硫菌灵悬浮剂800～1 000倍液，并且混合菊酯类农药来进行防治食心虫与顶梢卷叶蛾，在每次喷药的时候可以加入适量的叶面肥与植物生长调节剂。

6. 摘心 即将进入5月，桃树进入生长旺盛期，长势旺新梢、多余新梢可疏除，剩下旺长梢必须做好摘心工作，通过重摘心就能使徒长条、强旺条留下部分生长出2～4个副梢来，只要一分势就变成了很好的中庸结果枝，效果非常好，所以必须认清它的长势。长势中庸结果枝不用摘心；要视强、旺、较旺生长情况在5月上中旬分别进行重摘心；徒长条特别是强旺条可剪留16.5～19.8cm；较旺长条可剪留6.6～9.9cm，都能使它变成好的结果枝。如不摘心，在秋后就都变成了又大又粗的长条枝，冬剪时只能疏除，影响桃树产量。

7. 越冬防寒 早春加强肥水管理，保证树体健壮，7—9月控制灌水，适量施用磷、钾肥，勤锄深耕，促进枝条提早结束生长或组织充实。适期摘心，促进枝条成熟。冬前修剪，人工提前落叶，落叶后及时在根部培土越冬。

第四章

李光桃建园技术

李光桃花、果、树体观赏性高，果实、种子可食用和药用，建园时应结合周边自然生态条件，以果品生产为主，结合乡村旅游和农家餐饮，建造现代复合型休闲观光果园。建园应当结合生态学、园林美学原则，从选择确定合适的园址，到结合周边环境进行园地整体规划，再到建园是一个系统工程，其中每一步都至关重要。

第一节　园址选择

李光桃是酒泉当地对本地油桃的统称，是普通桃的变种，其果皮光滑无毛。在甘肃、新疆等省（自治区）分布较多，栽培历史早，其中有一些丰产性好、抗性强、果实风味品种佳、成熟期晚的优良品种资源。当地李光桃品种多集中在中秋节、国庆节前后成熟上市，有效填补了市场空缺，酒泉地区发展李光桃具有较好的区位优势，发展前景好。要生产出具有竞争性的产品，在园地选择上应当考虑李光桃生物学和植物学特性，结合当地实际情况，选择适合的地区建园。

一、生态条件

李光桃是桃中较抗寒的一个系列，建园要选在生态适宜的纬度和海拔高度地带建园。中国农业科学院郑州果树研究所曾研究提出种植桃树生态适宜带为北纬 25°～45°之间，冬季最低温度不低于 -25℃，平均温度低于 7.2℃的天数不低于 1 个月的地区。酒泉市位于北纬 38°09′～42°48′之间，年均温 3.9～9.3℃，恰好属于该生态适宜区域。

酒泉市李光桃主要分布在肃州区、金塔县、敦煌市三个县（市、区），都属典型的大陆性气候。肃州区气候常年干燥，降水少，蒸发量大，日照长，冬冷夏热温差大、秋凉春旱多风沙，年平均气温 7.3℃，7 月最高平均 21.8℃，1 月最低 -9.7℃，低于 0℃的时间为 128d，年平均降水量 87.8mm，年平均蒸发量 2 148mm，年均相对湿度 46%，年均日照时数 3 033h，无霜期 130d。金塔县海拔 1 260m，年均气温 8.8℃，年降水量 60.3mm，年蒸发量 1 552.9mm，年均日照时数 3 193h。敦煌市气候干燥，降水量少，蒸发量大，昼夜温差大，日照时间长，年均降水量 39.9mm，蒸发量 2 468mm，年日照时数 3 246h，年均气温 9.4℃，7 月平均最高气温 24.9℃，1 月平均最低气温 -9.3℃，极端最高气温 43.6℃，极端低温 -28.5℃，年平均无霜期 142d。

二、环境条件

选择中性土或弱酸性土壤，灌溉水源便利、周边自然环境优美、防护林连续、空气无污染、远离厂矿企业和交通便利的地块建园。发展生态采摘桃园最好选择与旅游景区直线相连，直径 50km 内有相对稳定消费群体的地点建园为好。

三、土壤条件

李光桃树根呼吸强，好氧喜光，耐旱忌涝，喜土质疏松、深厚、富含有机质、排水通畅的微酸性壤土或沙壤土，土层厚度在 50cm 以上。黏重土栽种，桃树生长不良，易患桃流胶病、桃裂果病、桃茎腐病等。不耐盐碱，含盐量超过 0.14%易引起萎蔫、黄叶、早衰等生理病害。因此，不宜在盐碱含量超标的地点建园。

第二节　园地规划

一、规划原则

园地规划是李光桃建园的第一步，也是最重要的一步，结合周边生态、社会、经济环境，合理规划布局，最大限度地发挥各功能区作用，保护周边生态环境，尽可能减小成本浪费，使桃园产生最大经济效益。主要遵从以下几条基本原则：

1. 因地制宜，适地适树，综合规划，以果农增收为目的　李光桃生产具有极强的地域性和季节性，发展果园必须根据当地的李光桃种质资源、生产条件、气候特征等因地制宜地选择适合的品种，尤其是近年来，许多发达省份新建果园，把果树种植与旅游观光、采摘相结合，将单一粗放的经营模式转变为综合经营模式，果农经济收入大幅提升。

2. 以市场为导向，突出地方特色　在园地规划设计时，应当充分考虑客源市场，在调查研究的基础上对消费市场进行层次划分。根据李光桃区域特点，利用当地的生产习惯、品种资源、认知度高的品牌产品设计特色经营项目，在满足基本的大众需求外，适当考虑人们寻特求奇的心理，如搭配李光蟠桃、小李光桃等品种。从开发李光桃历史、传统文化到当地自然、人文景观，把李光桃产品全方位凸显出来，建成适合不同层次消费人群的综合多功能果园。

3. 以保护生态环境为前提，保持生物多样性　现代化桃园应当以建立小区域生态系统良性循环为前提，因此在园地规划时要融入生态学原理，处理好桃园与周围生态环境之间的可持续发展，切忌乱砍滥伐和大规模人为挖土填方，合理规划不仅可以节约建设成本，更重要的是把对周围环境的破坏降到最低，从而促进桃园后期的长期稳定可持续发展。

4. 把科普、文化、艺术、趣味等元素融入规划理念　现代化果园的发展早已不单纯是生产的载体，而是集生产、采摘、观光、旅游、科普为一体的综合体。在规划建园时要尽可能地使一草一木、一砖一瓦发挥其最大作用，成为果园的宣传牌。挖掘当地有关的民间传说、故事等，营造园区的文化气息。在遵循李光桃科学管理的基础上，实现整个果园的形态美和季象美。将果品作为艺术品来生产，体现其科学性和艺术性，从而实现时间和空间的完美统一。以李光桃建园为例，李光桃原产于甘肃河西地区，是当地特有的品种资源。相传汉武帝时期，匈奴时常扰乱边境，百姓不堪滋扰，流离失所，民不聊生。汉武帝派飞将军李广出征，不但降服匈奴，还为当地百姓带去了中原的农作物种子和耕种技术，帮助百姓恢复生产；为了纪念他，百姓就将当地的特色桃品种称为“李光（广）桃”。园区规划时，李光桃名字的由来有大量信息可供挖掘，可以将故事制成导向牌，引导游人游览全园，或将故事凿刻在石板上，铺在主路上，方便游客参观。大型园区还可以将李光桃的营养价值、食用方式、品种介绍等相关知识制作成影像、音响作品，在园区醒目位置滚动播放。

二、规划内容

桃园用地主要以生产用地和非生产用地两部分组成，其中以生产用地为主，非生产用地为辅。生产用地是整个园区的主要经济收入来源，因此在规划面积时要合理侧重，比例按照（8.5～9.0）：（1.0～1.5）为佳。非生产用地主要内容一般包括周边防护林建设、道路规划、排灌系统建设、配套设施建设等，防护林5%，道路3%～4%，排灌系统1%，其他设施占2%～3%。

1. 生产用地 李光桃园主要以桃树资源为基础，重点是园地规划，首先应当把整个园区划分成若干个大区，再将这些大区划分成若干小区。以小区为单位进行规划，其面积需要按照实际的地形地貌和功能确定。果园一般按照栽培品种进行小区划分，1个品种对应1个小区，还应留出育苗圃和采穗圃。

2. 非生产用地 非生产用地包括道路、排灌水系统和办公、生活、服务设施等，在整个园区所占比例较小，但影响较大，一旦规划失误或不合理将造成不必要的经济损失。

（1）道路规划。道路系统是整个园区的骨干，在规划中占举足轻重的地位，整个园区依照道路系统划分成若干个区域，因此是整个规划的重心。桃园的道路系统依据园区总规模、地形地貌和未来园区发展方向设置主干道，按照管理、操作方式设置作业道，按照经营模式设置游览步行道。在合理便捷的前提下，园内、园外四通八达，但应尽量缩短距离，以减少用地。主干道宽度一般8～10m，贯穿全园，连接生产区、办公生活区、生产服务区等，作业道和游步道等次、支路是各小班之间的连接，宽度以4～6m为宜，小路宽度1～2m。

（2）排灌水系统规划。从园地实际出发，尽量利用好现有水源和灌溉方式，酒泉地区乃至整个河西地区全年干旱少雨，水资源匮乏；李光桃怕涝，尤其在秋季后，要适度控水；防止出现冬季冻害。全年需水量不大，可明渠灌溉。但这种方式水资源利用效率低，浪费严重，而李光桃主栽区是水资源相对紧缺的地区，为了极大发挥水资源效用，从长远和发展的眼光看，现代化果园应以喷灌、滴灌、管灌为主，在具体操作中应当结合实际进行规划。

（3）办公、生活、服务设施规划。办公室、包装间、休息室、餐厅、生活区等服务设施要齐全，并且位置布局合理，最好是占用土壤条件差的地块，将土壤条件好的地块用于生产。

（4）防护林规划。防护林可以改善果园周边生态环境，降低风速，增加空气湿度，减轻干旱和冻害等。李光桃在盛果期常常随着树体增大呈现枝繁叶茂的现象，尤其在5月，河西地区气温升高过快，通风不良造成落果。这时就要注意树体通风透光，因此，要把握好周边防护林与果园的距离，太远起不到防护作用，太近则会影响通风透气。3～5行乔、灌混交的稀疏林带防护效果较好，防护距离为树高的25倍左右。而由乔木、小乔木、灌木混交形成的紧密型防护林增加了风阻力，防护距离反而较短，为树高的10～15倍。较大的果园，还应配合道路、沟渠等营建副林带。

三、园地设计

园地规划完成后，进入设计阶段。首先要根据规划绘制施工图，包括道路、排灌水系统、服务设施施工图和防护林及各小班栽植图等。为凸显园区特色，可以在办公、生活、服务设施（餐厅、包装间、休息区）等处下功夫，利用鲜艳的颜色、新奇的造型、创新的经营模式。在树体管理上尽可能突出园林艺术效果，增强观赏性和趣味性，在追求经济价值的同时，兼具新、奇、特、美等要求。非生产区树种选择合理搭配乔木、灌木、草（藤）本植物，做到三季有花、四季有景。生产区在技术设计中采用生态果园管理模式，如林下生草、林下养殖等生态可循环管理技术，草的品种可选择可食用的蒲公英、苜蓿等，林下养殖鸡、鸭、鹅等，既可为餐饮提供新鲜的食材，动物粪便又可为果园提供农家肥，保持生物多样性，促进果园的可持续发展。

四、规划设计前准备工作

1. 外业调查 准确、详细的外业调查是做好规划设计的基础，主要包括：地形测量、土样采集、现有植被调查、病虫害调查、周边环境走访等。

2. 内业分析 主要包括：①园区所在地近10年气象资料，尤其是极端气候数据；②试验室分析土样，提出土壤改良方案；③绘制现有植物林相图；④划分建园立地条件类型；⑤提出病虫害防治方案。

第三节　建　　园

建园是将园区规划设计付诸实际的过程，一个成功的园区其硬件设施往往不会一蹴而就，它应当是一件艺术品，需要分步骤精雕细琢，逐步完善。生产区是园区的主体，在品种选择、搭配、栽培等方面要仔细、慎重，不可贪新、求快。酒泉地区李光桃建园按地域特点，一般可划分为三种类型，分别为泉水片区、沿山片区、戈壁边缘。因各类型自然条件的差异，在建园时要按照实际情况，分别处理。泉水片区地下水位较高，多为河滩地，而李光桃忌涝，栽植时可起高垄。沿山片区气候冷凉，品种选择上要注意选择早中熟系列品种。戈壁边缘地区建园时要在周围建设完善的防护林体系，品种上选择抗风沙、耐寒品种，树形以树体稳定性较高的自然开心形和双主枝开心形为好。

一、整地

园址选定后应在前一年秋季进行土壤深翻，翻土深度在 50cm 左右，将大土块打碎，同时捡出石块、草根、枯枝等杂物。深翻晾晒可以有效控制果园杂草及地下害虫的发生。在熟耕地上建园也可随整随栽，采用穴状整地或带状整地。穴状整地适用于各种立地条件，一般采用圆形或方形坑穴，穴大小、深度分别比苗木根径、根长大 20～30cm 即可。带状整地适用于平地或较缓地，一般规格为带宽 60cm 以上、深 40cm 以上，长度根据地形确定。在土层浅薄的地方定植穴（沟）长、宽、深应加大到 80cm 厘米以上，并回填熟土。然后在定植穴或定植沟底填上 20～30cm 厚的作物秸秆，分层压入有机肥 500～1 000kg/亩和过磷酸钙 50kg/亩，肥料与土壤混合均匀，回填后土壤高出地面 20cm 左右，沉降陷实后可与园地面持平。

二、品种选择

品种选择是李光桃建园的重中之重，关系到整个园子后期管理的难易程度及经济效益。

商品园在品种选择上要遵循几个大原则：一是必须选用良种，这是保证李光桃商品品质稳定的前提；二是应考虑品种的生物学特性与当地的自然条件是否相适应，在确定品种之前还应做好市场调查工作，综合考虑品种的商品性、成熟期、丰产性和自花结实能力等因素；三是选择市场关注度高、口碑好的品种，遵循适地适树的原则，首选地方名优特品种，为避免造成经济损失，在引进外来新品种之前，应小范围试种，不可盲目大量引进未经过培育、驯化的新品种，注意各品种间早、中、晚熟上市时间的搭配，方可拉长供果周期，增强市场竞争力；四是桃树喜光、不耐寒，而酒泉地区冬季寒冷且持续时间长，建园时将抗寒性作为品种选择的衡量标准，应选择以本地山毛桃作为砧木嫁接繁育的苗木。

还可按照园地面积和销售方式进行选择，面积较小的园子以就地销售为主，要根据本地居民的口味偏好和市场桃产品供应情况而定。酒泉地区因气候常年较寒冷、干燥，多风少雨，饮食习惯以重口味为主，品种选择以风味浓郁为首选，如酒香 1 号、酒香 2 号、酒育红光、疙瘩桃等。市场供应情况：从 5 月中下旬开始，山东、陕西等地的油桃逐步进入市场，主要品种有中油系列、金辉系列，到 7 月下旬甘肃兰州、天水等地的水蜜桃系列如京陇 7 号（北京 7 号）、白粉桃等进入市场，直到 8 月下旬基本结束。从 9 月初到中秋节再到国庆节这段市场销售黄金期，外地产品供货期结束，而本地李光桃恰好填补了这个空档期，这也是本地李光桃市场稳定的主要原因。面积较大的园子需要开拓外地市场，一要考虑目标市场的果品需求结构和价格，选择市场稀缺和价格高的品种；二是考虑市场竞争对象，发挥后发优势；三要考虑单一产品的种植面积，耐贮运性好的品种种植面积大一些，不耐贮运的面积小一些。目前，酒泉市主栽品种有大（小）李光桃、紫胭脆桃、疙瘩桃、麻皮桃、青皮桃、李光蟠桃、酒香 1 号、酒香 2 号、酒育红光等 10 多个，其中李光蟠桃货架期 5d 左右，最短；其次为酒育红光、绿皮李光桃和小李光桃，5～7d；紫胭脆桃、大青皮、小青皮、麻脆、酒香 1 号 7～10d；疙瘩桃最长，为 10～15d。李光桃大多数品种自花结实，尽量不要选异花结实的品种，若无法规避，要按（3～4）∶1 的比例配置授粉树，插花或隔行栽植。

三、定植

1. 定植前准备

（1）土地准备。苗木定植前 10d 要将整个果园浇透水，使定植穴（沟）自然沉降陷实。

（2）苗木准备。选定品种后，便可培育或采购苗木。为保证品种纯正，应当选用一级标准苗木，即根系发达、枝芽饱满、嫁接部位愈合良好、无病虫害等的苗木。外调苗木在运输过程中注意包装，防止苗木在运输途中失水，影响栽植成活率。栽植前还应对苗木进行检查、分级，对于运输过程中受到损伤的苗木，进行修剪、消毒处理，然后妥善假植。

自培苗木要想保证后期稳定的效益，应当以当地抗性强的 2 年生山毛桃种子实生苗为砧木，在种子播种第 2 年夏、秋季实生苗地径达到 1.5cm 左右开始嫁接，桃树嫁接在本地一般选用嵌芽接或带木质部芽接。芽接成活后，于第 2 年春季在芽接部位上 2～3cm 处截掉砧木部分，用竹竿绑缚芽枝，防止被风吹断。待芽接愈合完好，生长健壮之后，即可卸掉绑缚竹竿。

2. 定植时间　桃树定植时间分秋栽和春栽。秋栽在秋季落叶后、土壤封冻前；春栽在春季土壤解冻后、苗木发芽前，此时地温在 5～7℃以上。在冬季较温暖地区以秋栽为好，因秋季土壤温度较高，利于树体伤口愈合，根系能得到恢复，翌年春天发芽早、生根快、长势旺。冬季严寒地区以春栽为好，秋栽树体易受冻害，发生抽条现象。一般在土壤解冻后进行春栽，时间越早越好，栽后覆地膜，利于发根，当年枝条生长期长，发育充实。酒泉地区冬季严寒，李光桃栽植以春栽为宜。

3. 定植技术　酒泉地区栽植李光桃因区域不同，定植技术略有区别。肃州区泉水片区因地下水位较高，而李光桃忌涝，栽植时要起高垄，然后在垄上定植。绿洲和沿山片可直接平地栽植，按计划好的株行距定点，以定植点为中心，人工或机械挖穴或开沟。种植穴、沟长宽深比苗木根系大 20cm 左右，切忌底部上大下小，造成苗木根系无法伸展，影响其生长和吸收功能。外调苗栽植前为保证成活应对根系进行处理，剪去伤根、霉根，然后进行分级，按照不同级别栽植提高整齐度，将浓度为 0.01％的吲乙萘乙酸（ABT 生根粉）溶液和多菌灵配成泥浆，对根系进行蘸浆处理，可以减少苗木失水，刺激生根。自培苗一般现挖现栽，利于成活。栽植时，先将坑中土做成丘状，苗木根系按照原生长方向自然伸展放置于土丘上，扶正苗木后取表土填入，边填边踩边向上轻提树体，促使根系伸展，土向下填满根系空隙，将土壤填平并踩实，使原苗木地上2～3cm处与周围表土齐平。最后在栽植苗周围开挖盘状沟，立即浇定根水，浇透、浇足，使土壤与根系密切接触。

4. 栽后管理 栽植后要及时定干，定干高度按照将来树形培养确定。主干分层形一般在地面以上40～50cm处定干；Y形在40～60cm处选择两个方向基本对称的上下位饱满芽进行定干，将来培养为两主干；多主枝及其他树形在40～60cm处选择多个饱满芽进行定干。定干时，在保留上芽上方1.1～1.5cm处减去桃苗主干上部，上芽上方不留芽。栽植后，在栽植行铺设黑色防草地布，根据土壤实际墒情，决定浇水时间，保证苗木成活。

四、栽培模式

在生产中果树的栽培模式是定植方式（株行距、栽植密度）、整形修剪技术、花果管理方式和土肥水管理方式的统称，反映了果园管理的基本方面。这里所说的栽培模式主要包括栽植密度、株行距、行向、授粉树搭配等内容。

1. 栽植密度与株行距 桃园栽植密度从每亩22株（株行距5m×6m）到每亩333株（1m×2m），主要根据园地的地形、地貌及各种立地条件灵活运用，以不影响采光、便于管理操作为前提。栽植密度决定了桃树的整形修剪方式，有三主枝自然开心形、两主枝自然开心形、小冠多主枝杯状形、主干形等。概括起来主要有四大类，即稀植大冠形、中密度杯状形、中密度V形和高密度主干形。平整开阔的方形地块适当稀栽，坡地、旱地应小冠密植，生产中常见的有每亩55株（株行距3m×4m）、44株（株行距3m×5m）、33株（株行距4m×5m）。

2. 行向 李光桃园栽植行向的选择应当主要考虑其生物学特性、光照利用率、日常管理便利程度等，其次还应考虑地形、地貌等因素。河西地区地势多平坦开阔，因南北行栽植可以最大程度吸收太阳直射光，且受光均匀，树体发育均衡，果实着色度高、成熟期早。若园地条件受限，可根据实际情况进行调整，一般以小于太阳高度角30°时的太阳方位角为栽培最佳行向，行距要大于株距。

3. 授粉树与品种搭配　李光桃大多数品种可以自花结实，但有些品种自花授粉结实能力低，为提高坐果率、果实抗逆性及品质，在考虑主栽品种时，必须选择配置适当的授粉树，比例占20%左右，授粉品种要与主栽品种有良好的亲和力，且有花期长、花粉多、花粉质量好等优点。为延长果实销售时间，及时供应市场，还应考虑早、中、晚熟品种搭配种植，一般主栽品种的比例占80%左右。

李光桃优质高效栽培管理技术

第一节　幼龄桃园管理

一、1 年生桃园管理

（一）栽植管理

1. 大穴浅栽　酒泉市李光桃栽培建园一般采取的方法是，4 月上、中旬按照设计好的株行距，挖深 60cm、宽 60cm 以上，每穴施腐熟有机肥 10～15kg，并混入磷肥 0.5～1.0kg，忌施速效氮肥，因速效氮肥易引起肥害。4 月中、下旬定植李光桃成品苗或砧木，栽植深度以苗木地径原土脖痕迹处为宜，嫁接苗的接芽部位距离地面 30cm 以上。半成品嫁接苗栽植后要在接芽上 0.5～1.5cm 外剪砧，生长季节注意随时除去砧木上的萌蘖。

2. 覆盖地膜　酒泉市春季气候干旱，降雨量少，风多，光照度强，日间蒸发量大，昼夜温差大，土壤升温缓慢。栽植后的李光桃苗木灌 2 次水后，当土壤呈半干状态时，将栽植行整平并进行浅耕，顺行铺盖地膜，覆盖宽度 1.0～1.2m，长度根据地块长短而定，定植后覆膜有利于提高地温，促进根系生长，提高李光桃苗木定植成活率。

3. 检查成活　4 月下旬至 5 月中旬李光桃苗木发芽展叶后，要及时检查成活情况，发现未成活的要及时补栽，以保证桃园整齐。

4. 枝干牵引　栽植好的半成品或嫁接的李光桃苗木，当接芽萌发新梢长到 15cm 时，进行插杆引绑，一般插杆长度 60～100cm。上下新梢引绑 2～3 道捆绳，以防止新梢被大风折断。

5. 除嫁接绑缚膜　李光桃苗木进入加粗生长旺盛期，要随时解除嫁接部位上的塑料膜，避免出现新梢勒缢现象。

6. 病虫害防治　春季防治蚜虫、红蜘蛛，喷施 2～3 次 10%氯氰菊酯乳油、螨红悬浮剂 2 000 倍液，秋季防止大青叶蝉和潜叶蛾，喷 1 次噻虫啉 1 300 倍液。

（二）土肥水管理

1. 中耕　李光桃栽后，第一年要经常在桃园行间进行中耕，一般在 4 月下旬至 5 月中旬进行中耕松土保墒，6—7 月中耕松土除草，8—9 月对桃园土壤进行浅耕保墒，促进树体新梢充分成熟。

2. 间作　为充分利用土地，增加果园的经济效益，可在行内间作矮秆作物地瓜、绿肥、1 年生矮秆草本花卉（如矮牵牛、四季菊、矮秆波斯菊、矮月季等）、豆科植物等。

3. 施肥　春、秋两季桃树树盘每穴追施 2 次无机肥，每穴追施高效复合肥 0.5～1.0kg/次。

4. 浇水　苗木栽植后灌 1～2 次保苗水，夏季间隔 20～30d 灌水 1 次，秋季结合施基肥灌 1 次水，秋季要严格控水，以防桃园土壤湿度过大，造成新梢贪青徒长，新梢成熟度差，降低树体的抗寒性能，全年灌水次数控制到 4～6 次。

（三）整形修剪

1. 定干整形　当李光桃成品苗新梢开始生长时进行修剪，即在距离地面 40～60cm 定干，定干后萌发的新梢长 30cm 时，根据选择树形选留 2～4 个新梢培养，使新梢分布均匀，其余副梢留 25cm 左右摘心。

2. 夏季修剪　当主枝长达 60～70cm 时摘心，摘去 10～15cm 的嫩梢，抽生的分枝可选择作侧枝和延长枝头。此后对背上过密直立枝疏除，稀疏直立枝进行扭梢，对斜生枝留 30cm 左右摘心，竞争枝过强的疏除。

3. 冬季修剪 酒泉市李光桃树体最佳修剪的时间为 2 月下旬至 4 月上旬。这个时间段幼龄桃树处于休眠期状态，树液还没有流动，树体内大部分养分还没输送到树体内，这时修剪损失养分少。修剪时主枝延长枝剪留长度为 60～70cm，侧枝留长 40～50cm，其余枝条长甩缓放。

（四）越冬管理

为提高 1 年生李光桃幼苗越冬保存率，要在立冬前用桃树行间潮土将树体全部压埋。可采取实心埋土法，先把地径主干部分作枕头呈馒头状压倒，防止基部主干压断折劈，然后将主枝部分顺行埋土，埋土厚度 50cm 以上，地面宽度 1.2 米左右。

二、2～4 年生桃园管理

（一）撤防寒土

1. 树体出土 酒泉市肃州区、金塔县、玉门市李光桃树体出土的时间为 4 月上、中旬。敦煌市、瓜州县可在 3 月下旬至 4 月上旬出土，可分 2 次出土，第 1 次把覆土撤至冻土部位，第 2 次将覆土全部撤出到地面，并清理杂物整平栽植行，出土时要轻稳，减少人为和机械损伤。

2. 撤土 酒泉市肃州区沿山片栽植的李光桃，可在春季 4 月中旬撤土，洪水片可在 4 月 10 日左右的时间撤土，沿山片可在 4 月上旬撤土。金塔县栽植的李光桃可在 4 月上旬撤出防寒袋。撤土时严防机械创伤，然后将桃园栽植行清理干净整平。

（二）桃园行间管理

1. 间作 随着李光桃树体的扩大、行间的缩小，可在桃园行间培育繁殖一部分苗木，如葡萄、枸杞、枣树等 1 年生的经济林苗木，但不能间作秋季需水量大的高秆经济作物。

2. 生草 行间生草不仅可提高土壤有机质含量，亦会提高土壤微生物种群数量和土壤酶活性，还利于土壤蓄水和保墒。可自然生草，亦可人工生草。适合李光桃园人工生草的种类有白车轴草、红车轴草、扁豆、黄芪、羊胡子、绿豆、黑豆等良性杂草。

（三）土肥水管理

桃树进入结果初期，结果量少，此时的管理措施主要是进行整形修剪、扩大树冠、培养结果枝组，以加强土肥水管理为主。

1. 浅耕 浅耕是酒泉市李光桃栽培传统的土壤耕作方法，5—8月在桃园灌水后进行1次浅耕，深度15～20cm，在桃园整个生长季节不断地把杂草除干净，保持桃园土壤疏松无杂草。其优点是保持桃园整洁，避免病虫害滋生。对干旱地区桃园来说，采用浅耕法切断土壤毛细管，既保持土壤湿度又可提高地温，利于根系加快生长，是一种抗旱保湿的好办法。

2. 施肥 第2年春季李光桃树体出土后结合灌水追施氮肥，施肥量为每亩使用尿素15kg、生物菌肥50kg、高效复合肥20kg，秋季每亩施入腐熟羊粪1 000～1 300kg，过磷酸钙100kg。施肥时采用放射状沟或三角形沟状施入，施肥部位距离主干40～60cm，采取隔年或隔次更换施肥部位，以免伤根过多。

3. 叶面喷肥 栽植后生长2～3年的李光桃树体一般不缺铁、锌、镁、钙等元素。幼龄李光桃树生长势强，新梢生长量大，而且停止生长较晚，新梢成熟度差。7—9月每间隔20～30d，对树体喷施0.3%～0.4%磷酸二氢钾水溶液3～5次，促使新梢形成木质化并充分成熟，以提高李光桃树体的抗寒能力，避免春季桃树枝条出现生理干旱抽条现象。

4. 灌水 4月灌1次萌芽水，李光桃开花前后各灌水1次，幼果膨大期灌水1次，秋季施基肥后灌水1次，全年灌水4～6次，秋季严格控水。

（四）幼树整形修剪

1. 春季复剪 李光桃树干撤土后要对枝干进行春季修剪，按照原树形对主干分枝开张角度进行调整，疏除竞争枝、徒长直立枝、交叉枝和串门枝，对各级延长枝短截继续扩大树冠。

2. 夏季修剪 这个时期树冠已基本成形，桃树生长期主要采取抹芽，主要抹去剪口、锯口、背上萌发的芽，对新梢摘心，调整主枝开张角度，疏除过密的新梢，使桃树通风透光良好。

3. 三季修剪 酒泉李光桃如大青皮、酒香1号等品种，幼树生长干性强、生长势强，枝条角度不开张。在夏季修剪时，对主枝用果树开角器或木棍支撑、麻绳牵引、拿枝软化的方法开张角度，疏除背上直立枝，新梢长到30cm左右时连续摘心。冬季修剪，长枝轻剪不疏枝，幼树确定主枝后，只要不妨碍主枝延长生长，修剪尽量从轻，以扩大树冠，以提高桃园产量为主。酒泉市李光桃栽培范围内，幼树整形修剪常用的树形有三主枝高干开心形、矮秆疏散分层形，少部分密植园采用Y形或纺锤形树形。栽植3年生的李光桃幼树生长势比较强，树冠向心生长，花果逐年增加，在修剪上缓和旺枝，适当疏除内膛枝、过密枝，此期修剪要轻，以缓和生长，稳定树势，培养健壮的结果枝组，并利用裙枝结果，以提高李光桃产量。

详细的李光桃整形修剪方法见第六章。

（五）病虫害防治

1. 喷药杀菌 李光桃树体出土修剪后，于开花前1周用每千克石硫合剂原液兑水6～8千克对全园喷施，进行全面的消毒杀菌。主要消灭红蜘蛛、大青叶蝉在树皮主干基部和地面土块处的越冬卵，同时杀死桃白粉病、早期落叶病的菌丝，以减轻桃园发病率。

石硫合剂熬制的方法：原料有生石灰、硫黄、水，比例为1∶2∶10。熬制工具必须用瓦锅或生铁锅。首先称量好优质生石灰放入锅内，加入少量水使石灰消解，然后加足水量，加温烧开后，滤出渣子，再把事先用少量热水调制好的硫黄糊自锅边慢慢倒入，同时进行搅拌，并记下水位线，然后加火熬煮，沸腾时开始计时（保持沸腾40～60min），熬煮中损失的水分要用热水补充，在停火前15min加足。当锅中溶液呈深红棕色、渣子呈蓝绿色时，能闻到一股臭鸡蛋味，则可停止熬煮。盛入大缸内进行冷却过滤或沉淀后，清液即为石硫合剂母液。

2. 虫害预防 栽植后2～3年的李光桃园一般树体生长健壮，病害危害较轻，重点是防虫。花后防治蚜虫，喷药要严谨，要间隔打药。7—8月重点防治红蜘蛛、蚜虫，红蜘蛛对1种农药易产生很强的抗药性，要注意农药的交替使用。

(六) 树干涂白

随着李光桃树冠的扩大和桃树健康的生长，树体的抗寒能力增强，若不在埋土越冬，要对主干进行涂白。涂白能有效地防止主干日灼和冻害，兼有杀菌、治虫、防止鼠兔害等作用。

制作涂白剂时可利用熬制石硫合剂剩余的残渣配制保护树干的涂白剂。第一配方是生石灰∶石硫合剂（残渣）∶稀土∶水＝5.0∶0.5∶3.0∶20.0。第二种配方是生石灰∶石硫合剂（残渣）∶食盐∶动物油∶水＝5.0∶0.5∶0.5∶1.0∶20.0。将以上原料用容器调成稀糊状，于10月下旬至11月上中旬，用刷子自上而下涂抹均匀，涂抹高度应在各级骨干枝分杈（枝）处，以此来保护桃树的安全越冬。

(七) 越冬管理

1. 树体套袋 秋季李光桃叶片自然脱落后，自制植物涂白剂对树体主干进行涂白，土壤封冻前在主枝部位培土，在桃园行间取土，培的土堆呈伞状，土堆高度到主枝分枝处为宜。树冠枝条套袋可用牛皮袋和鱼皮袋，袋宽直径80cm以上，将树体枝条全部套入中间用湿土填埋实，土袋下方一定要与地面接住密封，这种防寒措施起到一定的保暖保湿作用。

2. 主枝压土块 酒泉市肃州区、金塔县、敦煌市李光桃栽培过程中，冬季11—12月在桃树树杈处架上20～30cm大小的土块，用土袋放（架）到桃树主干分枝处，可起到防止主干冻害和枝干抽条发生生理干旱，也可起到保护树体的作用。

3. 冬季管护 桃园内禁止放牧，做好防鼠、兔和自然灾害工作。

第二节 结果期桃园管理

一、土壤管理

(一) 清耕与除草

清耕就是整个生长季节不断地把杂草除掉，保持土壤疏松无杂草，是酒泉市桃园管理传统的土壤耕作方法。其优点是保持桃园整洁，避免病虫害滋生，对干旱区桃园来说，可以切断土壤毛细管，保持土壤湿度，是抗旱保墒的好办法。采用清耕法，由于土壤直接接触空气，所以春季可提高地温，发芽早。清耕的桃园，一般能保持较好的产量水平，且果实品质较好。但是清耕把桃园里杂草除掉，也就是除去了部分有机物质，这就需要多增施有机肥料。其缺点是破坏土壤的物理性状，而且也较费工。

（二）果园生草

桃园生草技术是发达国家开发成功的一项果园管理技术，现已普遍应用。中国绿色食品发展中心把果园生草纳入绿色食品果业技术生产体系，并向全国推广。

1. 桃园生草的作用 能够显著且快速提高土壤有机质含量，改善土壤结构，增进地力；能改善小气候，增加果园天敌数量，有利于果园生态平衡；增加了地面覆盖层，能减少土壤表层温度变幅，有利于果树根系的生长发育；有利于提高果实品质。山地、坡地果园生草可起到水土保持的作用；减少果园投入；提高土地利用率，促进畜牧业发展，同时促进果树的可持续发展。

2. 桃园生草的技术 适于桃园种的草应具备以下特点：桃园生草主要是在树冠下行间作业道生长，要求生草品种具备耐阴、耐踩和抗旱的特点，同时要求对土壤、气候有广泛适应性；一般要求草种须根发达，固地性强，最好是匍匐生长，有利于保持水土；要求草种生长快，产量高，需集养分能力强，切割后易腐烂，有利于土壤肥力的提高；草种根系生长过程中或植物体腐烂过程中，不会分泌或排放对果树有害的化学物质；要选择与果树无共同病虫害，又有利于保护害虫天敌的草种；草应矮小（一般不超过 40cm），且不具缠绕茎和攀缘茎，覆盖性好，方便果园管理和作业；要求草易繁殖、栽培，早发性好，覆盖期长，易被控制，病虫害少等。

适合桃园生草的种类有禾本科植物和豌豆、绿豆、黑豆等豆科作物。草种最好选用三叶草、羊胡子草等。

桃园生草可采用全园生草、行间生草和株间生草等模式，具体模式应根据果园立地条件、种植管理条件而定。一般土层深厚、肥沃、根系分布深的果园，可全园生草，丘陵旱地果园宜在果树行间和株间种植。在年降水量少于500mm，而且无灌溉条件的果园，不宜生草。国外提倡行间生草、行内（树冠垂直投影宽度）除草制度。行内用刈割的草或其他有机物覆盖。

（三）桃园覆草

桃园覆草的主要草源是作物秸秆，所以覆草又称为覆盖作物秸秆，适于在山区丘陵地区和干旱地区大力推广。

1. 桃园覆盖作物秸秆的效果

（1）增加营养。秸秆腐烂后是一种极好的腐殖质，可增加土壤团粒结构，提供桃树大多种营养元素，以满足李光桃树的生长发育需要，促进树体健壮生长。

（2）调节地温，保护根系。果园0～10cm土层的根系很易受到外界气候条件的影响，冬季严寒、夏季高温都容易产生对根系的伤害。而果园覆盖后，冬季土壤不易结冻或冻土层浅，夏季土壤温度不超过28℃，秋季地温下降慢，延长了果树生长期，增加了营养积累。

（3）增进保墒。充分利用自然水，克服了无灌溉条件下因干旱而造成的不利影响。桃园覆盖秸秆能有效地减少土壤水分的地面蒸腾，增加土壤蓄水保水和抗旱能力。桃园覆盖作物秸秆是西北地区李光桃栽培缺水解决灌溉的有效方法。同时覆盖作物秸秆还能有效地避免降水与土壤表面的直接接触，减轻地面径流，防止土壤冲刷，增加水土保持性能。

（4）改良土壤。果园覆草可以显著提高土壤转化酶和脉酶活性，从而加快养分的转化，提高土壤有机质含量，增加土壤速效养分的含量。覆草降低了上层土壤的容量，显著提高了土壤孔隙度，增大了土壤的透气性，提高了土壤肥效利用率。

（5）促进树体发育。覆草后改善了土壤环境，增强了桃树根系的生长、吸收和合成功能。同时叶大而浓绿，也可提高光合效能，促进树体生长发育，提高花芽分化质量，对增产提质效果明显。

2. 桃园覆盖作物秸秆的方法 全年都可进行，但春季首次覆盖应避开2—3月土壤解冻时间，以提高土壤温度。就材料来源而言，夏、秋收后覆盖可及时利用作物秸秆，减轻占地积压。第一次覆盖在土温达到10℃或夏收以后，可以充分利用丰富的麦秸等。覆草以前应先浇透水，然后平整园地、整修树盘，使树干处略高于树冠下。进行全园覆盖时，每亩用干草1 500kg左右，如草源不足，可只进行树盘覆盖。不管是哪种覆盖，覆草厚度一般应在15～20cm，并加尿素10～15kg。覆草后在树行间开深沟，以便蓄水和排水，起出的土可以撒在草上，以防止风刮或火灾，并可促使其尽快腐烂。

桃园覆草以后，每年可在早春、花后、采收后，分2～3次追施氮肥。追肥时，先将草分开，沟施或穴施。逐年轮换施肥位置，施后适量浇水。桃园覆草后，应连年补覆，使其继续保持20cm厚度，以保证覆草效果。连续覆盖3～4年以后，秋冬应深翻1次，深15～20cm，将地表的烂草翻入地下，改善土壤团粒结构和促进根系的更新生长，然后再重新进行覆草。

3. 桃园覆草应注意的问题 覆草前宜深翻土壤，覆草时间宜在干旱季节之前进行，以提高土壤的蓄水保水能力。在未经深翻熟化的果园里，应在覆草的同时，逐年扩穴改良土壤，随扩随盖，促使根系集中分布层向下向上同时扩展。对于较长的秸秆如玉米秸秆，要轧碎后再使用。覆草后几年浅层根的密度大大增加，这对长树成花有好处，为保护浅层根，切忌“春夏覆草、秋冬除掉”，冬春也不要刨树盘。覆草后有不少害虫栖息在草中，应注意向草上喷药，起到集中诱杀的效果。或将覆草翻开，撒上碳酸氢铵，消灭害虫。秋季应清理树下落叶和病枝，防虫害的发生。桃园覆草应保证质量，使草被厚度保持在20cm以上，注意主干根茎部20cm内不覆草，树盘内高外低，以免积涝。由于土壤微生物在分解腐烂过程中需要一定的氮素，所以覆草中需施氮肥，或在草上泼粪水。黏重土或低洼地的桃园覆草，易引起烂根病的发生。因此，这类桃园不宜进行覆草。

（四）秸秆还田

应用秸秆直接还田是一项简便易行的增加土壤有机质、培肥土壤、加强地力建设的措施。可将作物秸秆直接翻埋于土壤中，起到肥田增产的作用。

1. 秸秆还田的方法　采用沟施深埋法，可以结合施其他有机肥料（如圈粪、堆肥等）进行。在树冠投影外侧或株间开深40～50cm、宽50cm的条状沟，开沟时将表土与底土分放两边。同时对沟内大根注意保护，对粗1cm以下的根在沟内要露出5～10cm短截，以利促发新根。然后将事先准备好的秸秆与化肥、表土充分混合后埋于沟内，踏实，灌水即可，每亩施用量3 000kg左右。

2. 秸秆还田应注意的问题　在秸秆直接还田时，为解决桃树与微生物争夺速效养分的矛盾，可通过增施氮、磷肥来解决。一般认为，微生物每分解100g秸秆约需0.8g氮，即每1 000kg秸秆至少加入8kg氮才能保证分解速度不受缺氮的影响。对长秆作物如玉米秸秆等，最好事先粉碎再施，并注意施后及时浇水，以促其腐烂分解，供桃树吸收利用。另外与高温堆肥相比，直接还田的秸秆未经高温发酵，可导致各种病害的传播，所以应避免将有病虫危害的秸秆直接还田。

（五）桃园铺地布

桃园铺地布能保持土壤湿度，地布覆盖阻隔了土壤水分的垂直蒸发，使水分横向迁移，增大了水分蒸发的阻力，有效抑制了土壤水分的无效蒸发，并且抑制效果随着无纺布覆盖高度的增加而提高。试验比较了在无降水条件下，铺园艺地布比铺地膜能提高地下20cm处桃园土壤含水量13%～15%。实践证明，铺地布覆盖不仅可以控制杂草而且减少土壤水分蒸发，同时提高了土壤湿度。

桃园铺设地布后，树盘土壤湿度得以保持，桃树根系表面积增加，吸收营养能力增强。据测试，桃树铺地布后树体的氮、磷、钾、钙、镁、硼、锌、锰及铜等营养元素显著提高。同时养分利用率也得到了提高，桃树产量也在逐年增长。

桃园铺地布能控制果园杂草，黑色园艺地布可以阻止阳光对地面的直接照射，同时其本身坚固的结构能阻止杂草穿过地布，从而保证了地布对杂草生长的抑制作用。特别是在桃园管理过程中，生产劳动力紧缺的情况下，桃园杂草无法铲除，而且杂草还影响桃树的正常生长发育，桃园行间铺设黑色园艺地布几乎完全控制杂草生长，且比其他化学或非化学除草使用方法更具优势。

二、多效唑使用

1. 土施法 开春后至桃树新梢长到10cm左右时，在树冠正投影处，每平方米用15%多效唑粉剂1.0～1.5g的量加适量清水配制成溶液，在树冠投影外缘挖宽、深各20～30cm的环状沟（以见到吸收根为度），用水壶等容器将药液均匀洒入沟内封土即可，桃园土壤适当干旱时，作用效果更明显。对于高密植桃园，可以在行间、株间或隔行开沟浇灌多效唑溶液。

2. 叶面喷施法 将15%的多效唑粉剂配制成200～300倍液，于桃新梢长到30cm左右时喷第1次（5月下旬至6月上旬），间隔20d后喷施第2次。要求对叶面均匀喷施，以喷到叶片上形成药液滴但又不掉下为好。重点是新梢、枝叶和旺长的部位。

3. 涂干法 桃树新梢长到30cm左右时（5月下旬至6月上旬），在树干光滑部位或将树干上的老皮刮除10～15cm后（以见绿为准），用毛刷将多效唑溶液呈环状涂严密，涂抹后用宽胶带或塑料膜将药环处包严，防止蒸发。此法适用于土壤黏性较大的桃园。

多效唑根施、涂抹主干部位要比叶面喷施效果好。露地稀植栽培3年生以下幼树不宜施用多效唑。

三、肥料管理

（一）土壤养分的特点

当前，果园土壤养分的特点是“两少”。第一少是土壤中的有机质含量少，现在一般小于0.8%，有的小于0.5%。而国外在3%左右，高者达5%。我国土壤有机质含量因不同地区而异。东北平原的土壤有机质含量达2.5%～5.0%，而华北平原土壤有机质含量低，仅在0.5%～0.8%，酒泉市肃州区土壤有机质含量为1.5%～1.8%。另一少是土壤中的营养元素含量少，包括大量元素、微量元素，远远满足不了作物的需求。

1. 土壤中氮素含量 土壤中氮素含量除了少量呈无机盐状态存在外，大部分呈有机态存在。土壤有机质含量越多，含氮量也越高。我国土壤耕层全氮含量以东北黑土地区最高，为0.15%～0.52%，华北平原和黄土高原地区最低，为0.03%～0.13%，酒泉市肃州区氮素含量为0.11%～0.26%。

2. 土壤中磷素含量 我国各地区土壤耕层的全磷含量一般在0.05%～0.35%，东北黑土地区土壤含磷量较高，可达0.14%～0.35%，西北地区土壤全磷含量也较高，为0.17%～0.26%，其他地区都较低，尤其南方红壤土含量最低。

3. 土壤中钾素含量 我国各地区土壤中平均速效钾含量为每100g土40～45mg，一般华北、东北地区土壤中钾素含量高于南方地区。

（二）桃树对主要营养元素的需求特点

桃树果实肥大，枝叶繁茂，生长迅速，对营养需求量高，反应敏感。营养不足，树势会明显衰弱，果实品质变劣。桃树对营养的需求有如下特点：

（1）需钾素较多，其吸收量是氮素的16倍。尤其以果实的吸收量最大，其次是叶片。它们的吸收量占钾吸收量的91.4%，因而满足钾素的需要是桃树丰产优质的关键。

（2）需氮量较高，并反应敏感，以叶片吸收量最大，将近总氮量的一半。供应充足的氮素是保证丰产的基础。

（3）磷、钙的吸收量也较高，与氮吸收量的比值分别为10.0∶4.0和10.0∶20.0。叶、果吸收磷多，钙在叶片中含量最高。要注意的是，在易缺钙的沙壤土中更需注意补充钙。

（4）各器官对氮、磷、钾三要素吸收量以氮为准，其比值分别为，叶：10.0∶2.6∶13.7；果：10.0∶5.2∶2.4；根：10.0∶6.3∶

5.4。对三要素的总吸收量的比值为10.0：(3.0～4.0)：(13.0～16.0)。

(三) 生产无公害果品对肥料的要求

按照NY/T 496—2002《肥料合理使用准则通则》规定，所施用的肥料不应对果园环境和果实品质产生不良影响，应是经过农业行政主管部门登记或免于登记的肥料。提倡根据土壤和叶片的营养分析进行配方施肥，增加有机肥施用量，减少化肥尤其是氮肥施用量。

1. 允许使用的肥料种类

(1) 有机肥料。包括堆肥、沤肥、厩肥、沼气肥、绿肥、作物秸秆肥、泥肥、饼肥等和商品有机肥、有机复合（混）肥等。

(2) 腐殖酸类肥料。腐殖酸类肥。

(3) 化肥。包括氮、磷、钾等大量元素肥料和微量元素肥料及其复合肥料等。

(4) 微生物肥料。包括微生物制剂及经过微生物处理的肥料。

2. 禁止和控制使用的肥料 禁止使用未经无害化处理的城市垃圾或含有重金属、橡胶和有害物质的垃圾。控制使用含氯化肥和含氯复合肥。

(四) 肥料的种类及特点

1. 有机肥的特点、作用及种类 有机肥料是指含有较多有机质的肥料，主要包括粪尿肥、堆沤肥、土杂肥、饼肥等。这类肥料主要是在农村中就地取材，就地积制，就地施用，因此又叫农家肥。

(1) 有机肥的特点。有机肥所含养分全面，它除含有桃生长发育所必需的大量元素和微量元素外，还含有丰富的有机质，是一种完全肥料。有机肥料中营养元素多，呈复杂的有机形态，必须经过微生物的分解，才能被作物吸收、利用。因此其肥效缓慢而持久，一般为3年，是迟效性肥料。有机肥养分含量较低，施用量大，施用时需要较多的劳动力和运输力，施用时不太方便，因此在积造时要注意提高质量。有机肥料含有大量的有机质和腐殖质，对改土培肥有重要作用，除直接提供给土壤大量养分外，还具有活化土壤养分、改善土壤理化性质、促进土壤微生物活动的作用。

（2）有机肥的作用。

①促进根系的生长发育。由于土壤结构得到改善，土壤通气性好，为根系生长发育创造了良好的条件。

②促进枝条的健壮和均衡生长，减少缺素症发生。由于有机肥肥效较慢，而且在1年中不断地释放，时间较长，营养全面，使地上部枝条生长速度适中，生长均衡，不易徒长，花芽分化好，花芽质量高。由于各种元素比例协调，不易发生缺素症。

③全面提高果实质量。由于根系和地上部枝条生长的相互促进，对果实生长发育具有很好的促进作用，表现为果个大、着色美、风味品质佳、香味浓、果实硬度大、耐贮运强。

④提高果树的抗性。有机肥可以促进根系生长发育和叶片功能，增加树体贮藏营养，从而提高桃树抗旱性、抗寒性及抗病性。

（3）有机肥的种类。

①人粪尿。人粪尿是我国施用最早和最普通的一种有机肥料，其肥分含量高，腐熟快，肥效良好，增产效果显著，在我国各桃产区均广泛应用。

人粪含有60%～65%的水分，20%左右的有机质，主要成分是纤维素、半纤维素、脂肪、蛋白质及分解的中间物等，矿物质含量约15%，主要是硅酸盐、磷酸盐、钙、镁、钾等盐类。人尿约含94%的水分和5%的水溶性含氮化合物和无机盐类，含有尿素1%～2%，并含有少量尿酸、磷酸盐、铵盐及各种微量元素和生长素。

②厩肥。厩肥是家畜粪尿和各种垫圈材料混合积制的肥料。厩肥的成分与家畜种类、饲料优劣、垫圈材料和用量等有关。厩肥中含有丰富的有机质（平均25%左右），如能经常使用，土壤中可积累较多的有机质，既可改良土壤结构，又可提高土壤肥力，促进土壤的熟化。腐熟厩肥当年氮的利用率在10%～30%，而磷的利用率则高达30%～40%，这是因为土壤对厩肥中磷的固定较少而且

其中磷有一半是水溶性或柠檬酸溶性的。厩肥中钾的利用率也很高，为60%～70%，因此厩肥中的氮、磷、钾均易为桃植株所吸收利用。

羊粪属热性肥料，适于凉性土壤和阳坡地。猪粪尤其适用于排水良好的土壤。马粪适用于湿润黏重土壤和阴坡地及板结严重的土壤。牛粪是典型的凉性肥料，将牛粪晒干，掺入5%～13%的草木灰或磷矿粉或马粪进行堆积，可加速牛粪分解，提高肥效。施用时最好与热性肥料结合使用，或施在沙壤土地块和阳坡地。

③禽粪。家禽是杂食性动物，饮水少，所以养分含量比家畜粪尿都高，在积攒和贮存过程中，由于禽粪具有养分浓、易分解等特点，要注意防止氮素的损失，为此在禽舍内要经常垫干细土、干草炭等材料以吸收速效氮，也可加禽粪类重量3%的钾和5%的过磷酸钙，以减少禽粪中氮的损失。家禽粪中所含氮素的主要形态是尿酸态，其中鸡粪中氮有50%左右是比较速效的尿酸态、铵态，其余为迟效性的蛋白质态和核素态等。磷是磷态、蛋白质态、核素态等，肥效较高，并因为受有机质保护，只要水分、温度合适，分解得也很快。在土壤中有机态磷被集聚起来，很少变为不可给态等，所以对增加土壤活力和促进桃树旺盛生长发育非常有利。钾能与有机酸进行松散的结合，成为速效态。镁也能与磷和钙以及有机物相结合，在陆续分解中发挥肥效。

④堆肥。用秸秆、落叶、杂草、垃圾等主要原料混合不同数量的泥土及人畜粪尿堆制即成堆肥。堆肥可分为普通堆肥和高温堆肥两种。普通堆肥一般混土较多，发酵时温度较低，腐熟过程中堆内温度变化不大，堆制时间较长。高温堆肥是以纤维质的原料为主，加入适量的骡马粪和人粪尿，发酵时间较短，发酵时温度较高，有明显的高温阶段，对促进微肥物质的腐熟及杀灭其中的病菌、虫卵和杂草种子均有一定作用。腐熟的堆肥为黑褐色，汁液浅棕色或无色，有臭味，材料完全变形，易拉断。

堆肥的性质基本与厩肥相似，其养分含量因堆肥原料和堆制方法等有所不同。堆肥中有机质含量丰富，磷、氮比例小，是良好的有机肥料。

高温堆肥与普通堆肥相比，前者的氮、磷含量和有机质含量均较高，而碳氮比（C/N）则低于后者，这表明前者质量比后者高。

⑤饼肥。饼肥中含有大量有机质，包括蛋白质、剩余油脂和维生素等成分。一般饼肥含有机质75%～85%，氮2%～7%，磷1%～3%，钾1%～2%，此外还含有一些微量元素。

饼肥中氮和磷含量大，都比钾要多。所含氮素主要是蛋白质形态，所含磷主要是有机态的植酸和卵磷脂等，所含钾大部分是水溶性的。有机态的氮和磷只有被土壤微生物分解之后方能被吸收利用。一般饼肥的碳氮比（C/N）较小，施入土壤中分解速度较快，所以比其他有机肥料易于发挥肥效。

⑥草木灰。草木灰是植物燃烧后的残灰，因有机物和氮素大多被烧掉，因此仅含有灰分元素，如磷、钾、镁、钙、铁、锌、锰等，其中含钙、钾较多，磷次之。因此，草木灰的作用不仅是提供钾素，而且还有提供磷、钙、镁以及微量元素等营养元素的作用。

草木灰的成分差异很大，一般木灰含钙、钾、磷较多，而草木灰含硅较多，磷、钾、钙较少。幼嫩组织灰分含钾、磷较多，衰老组织灰分含钙等较多。草木灰中的钾主要是以磷酸钾的形式存在，其次是硫酸钾和氯化钾，它们都是水溶土壤性钾，可被作物直接吸收利用。

2. 化肥的特点　化学肥料又称无机肥料，简称化肥。常用的化肥可以分为氮肥、磷肥、钾肥、复合肥料、微量元素肥料等，它们大都具有以下特点：

（1）养分含量高，成分单纯。化肥与有机肥相比，养分含量高。一般0.5kg硫酸铵所含氮素可相当于人粪尿15～20kg所含氮素，0.5kg过磷酸钙中所含磷素相当于厩肥30～40kg中含磷量，0.5kg硫酸钾所含钾素相当于草木灰5kg左右的含钾量。高效化肥则含有更多的养分，并便于包装、运输、贮存和施用。化肥所含营养单纯，一般只有1种或少数几种营养元素，有利于桃树选择吸收利用。

化肥一般不含有能改良土壤的有机物质，在施用量大的情况下，长期单纯施用某一种化肥会破坏土壤结构，造成土壤板结。

（2）肥效快而短。多数化肥易溶于水，施入土壤中能很快被作物吸收利用，能及时满足桃树对养分的需要。但肥效不如有机肥持久。

（3）有酸碱反应。化肥有化学酸碱反应和生理酸碱反应。化学酸碱反应是指溶解于水后的酸碱反应，过磷酸钙为酸性，碳酸氢铵为碱性，尿素为中性。生理酸碱反应是指肥料经桃树吸收以后产生的酸碱反应。硝酸钠为生理碱性肥料，硫酸铵、氯化铵为生理酸性肥料。

（五）生产无公害果品合理施肥的原则

1. 有机肥料和无机肥料配合施用，互相促进，以有机肥料为主 有机肥料养分含量丰富，除含有多种营养元素之外，还含有植物生长调节剂等，肥效时间比较长，而且长期施用可增加土壤有机质含量，改良土壤物理特性，提高土壤肥力，可见有机肥料是作物生长中不可缺少的重要肥源。但是有机肥肥效较慢，难以满足桃树在不同生育阶段的需肥要求，而且养分含量也不一定能满足桃树一生中总需肥量的需求。

无机肥料则养分含量高、浓度大、易溶性强、肥效快，施后对桃树的生长发育有极其明显的促进作用，已成为增产和高产不可缺少的重要肥源。但无机肥料中养分比较单一，即使含有多种营养元素的复合肥料，其总养分含量也较有机肥少得多，而且长期施用会破坏土壤结构。

如果将有机肥料与无机肥料配合施用，不仅可以取长补短，缓急相济，有节奏地平衡供应桃树生产所需养分，以符合桃树生长发育规律和需肥特点，实现高产稳产和优质，而且还能相互促进，提高肥料利用率和增进肥效，节省肥料，降低生产成本。

有机肥料对无机肥料的促进作用表现在以下3个方面：第一，它能吸附和保存无机肥料中的养分，减少挥发、流失并加强固定，一些微量元素应与有机肥料混合后施入土壤中去；第二，分解出的一些有机酸可以溶解一些难溶性养分供桃吸收利用；第三，它能疏松土壤，减轻由于长期施用无机肥料造成的土壤板结。

无机肥料对有机肥料也有良好的促进作用。首先，无机肥料能提高桃树对辐射能和二氧化碳的利用，改善农田生态环境，增加大量有机物质来源；其次，能够提高厩肥、堆肥的腐熟度和肥效，扩大营养物质的良性循环；第三，无机肥料能协调桃树对养分的需求，提高桃树对有机肥料和土壤潜在肥力的利用。

2. 所施的有机肥料、化肥及其他肥料要符合 NY/T 394—2013《绿色食品 肥料使用准则》

3. 氮、磷、钾三要素合理配比，重视钾肥的应用 在生产中往往出现重视氮、磷肥，尤其重视氮肥，而忽视钾肥的现象，造成果实产量低、品质差。不同化肥之间的合理配合施用可以充分发挥肥料之间的协助作用，大大提高肥料的经济效益。例如，氮、磷两元素具有相互促进的作用，在肥力较低的地块尤为明显。据调查，一般单施氮素的利用率为 35.3%，而氮、磷配施后，其利用率可提高至 51.7%。所以，在施用氮肥的基础上，配合施用一定的磷肥，由于两者之间相互促进，即使在不增加氮肥用量的情况下，也能使产量进一步提高。磷、钾肥配合施用，效果更佳。桃树是需钾较多的树种，要提高其产量和品质，必须重视施用钾肥。

4. 不同施肥方法相结合，并以基肥为主 主要施肥方法有施基肥、根部追肥和根外追肥 3 种。一般基肥应占施肥总量的 50%～80%，此外还应根据土壤自身肥力和施用肥料特性灵活掌握。根部追肥具有简单易行而灵活的特点，是生产中广为采用的方法。对于桃树需要量小、成本较高、又没有再利用能力的微量元素，可以通过叶面喷洒的方法施入，既可节约成本，效果也比较好，也可以与基肥充分混合后施入土壤中。可以结合喷药，加入一些尿素、磷酸二氢钾，以提高植物光合效率，改善果实品质，提高抗寒力。

（六）施肥方法

桃树是需钾量较多的树种，在施肥时应多施钾肥。近几年，我国各地特别是西北地区，由于土壤 pH 过高，作物易发生缺铁黄叶病，要注意改善土壤环境或增施有效铁。

1. 基肥

（1）施用时期。基肥可以秋施、冬施或春施，但秋施较冬施、春施可以增产14%～30%，且能改善果实品质。秋季没有施基肥的桃园，在春季土壤解冻后补施。秋施应在早中熟品种采收之后，晚熟李光桃品种采收之前进行，宜早不宜迟。一般在落叶前1个月完成，即9月中下旬。秋施基肥的时间因肥料种类而异，较难分解的肥料要适当早施，较易分解的肥料则应晚施。在土壤比较肥沃、树势偏徒长的植株或地块，尤其是生长容易偏旺的初结果幼树，为了缓和新梢生长，往往不施基肥，待坐果稳定后通过施追肥调整。春施主要是化冻之后及时施入。冬施是在土壤结冻之前施入。

（2）施肥量。一般占施肥量的50%～80%，每亩施入2 000～3 000kg。

（3）施肥种类。以腐熟的农家肥为主，适量加入速效化肥和营养元素肥料（过磷酸钙、硼砂、硫酸亚铁、硫酸锌、硫酸锰等）。

（4）施肥方法。桃树根系较浅，大多分布在20～50cm深度内，因此施肥深度在30～40cm处。施肥过浅根系也浅，由于地表温度和湿度的变化，易对根系生长和吸收造成不良影响。一般有环状沟施、放射状沟施、条施和全园散施等方法。环状沟施即在树冠外围，开1条环绕树的沟，沟深30～50cm、宽30～40cm，将有机肥均匀施入沟内，填土覆平。放射状沟施即自树干旁向树冠外围开几条放射沟施肥。条施是在桃树的东西或南北两侧，开条状沟施肥，但需要每年变换位置，以使肥力均衡。全园散施的施肥量大而且均匀，施后翻耕，一般应深翻30cm。

（5）施基肥的注意事项。在施基肥挖坑时，注意不要伤大根，以免果树损伤太大，几年都不能恢复，影响吸收面积。

基肥必须尽早准备，以便能够及时施入。使用的肥料要先经过腐熟，因为使用新鲜有机肥，在土壤中要进行腐熟和分解，在分解过程中要放出大量热量、二氧化碳，还要吸收大量水分，影响根系的生长，甚至进行分解作用的微生物，在自己繁殖的过程中，还要吸收土壤中的氮素，与桃争水、肥，而且也易发生肥害。

同时肥料连年施用比隔年施用效果好，这是因为每年施入有机肥料时会伤一些细根，起到了根系修剪的作用，使之发出更多的新根。同时，每年翻动1次土壤，也可起到疏松土壤、加速土肥融合和有利于土壤熟化的作用。

有机肥与难溶性化肥及微量元素肥料等应混合施用。有些难溶性化肥与有机肥混合发酵后施用，可增加其有效性。在基肥中可加入适量硼，一般每公顷施1.5～2.5kg硼酸，也可将30～45kg硫酸亚铁与有机肥混匀后，一并施入。

要不断变换施肥部位。据观察，在施肥沟中有多数细根集聚，但枯死根也相当多，且细根越多的部位，枯死根也越多，这与局部施肥量过多，根系生长受阻而腐烂枯死有一定的关系。从根系分布密度来看，加上试验和生产实践证明，不能总在同一地方挖沟施肥，应该变换施肥部位或施肥方法。

施肥深度要合适，不要地面撒施和压土式施肥。有的果农生搬国外浅施肥的经验，在山地浇水条件差的果园也浅施基肥，使大量农家肥长时间裸露在地表发挥不了应有的肥效，个别果农以鸡粪、人粪作压土式施肥，一次过量施肥，厚度达5～10cm，致使全园臭气熏天，新梢不长，叶片变小，边缘焦枯呈现不死不活状态。

2. 土壤追肥　追肥是生长期施用肥料，以满足不同生长发育过程对某些营养成分的特殊需要。根部追肥就是将速效性肥料施于根系附近，使养分通过根系吸收到植株的各个部位，尤其是生长中心。

按追肥时期分为萌芽前后、果实硬核期、催果肥、采后肥。生长前期以氮肥为主，生长中后期以磷、钾肥为主，钾肥应以硫酸钾为主。

（1）萌芽前后。4月中下旬，敦煌市、金塔县可在4月上旬开始。

（2）果实硬核期。5月下旬，促进果核和种胚发育、果实生长。氮、磷、钾肥配合施，以磷、钾肥为主。

（3）催果肥。成熟前20d促进果实膨大，提高果实品质。以钾肥为主，配合氮肥恢复树势，使枝芽充实、饱满，以氮肥为主配以少量磷、钾肥施入。

（4）采后肥。果实采收后增加树体贮藏营养，提高抗寒性，结果量大、树势弱的施肥。

3. 叶面喷肥 在开花期喷0.2%～0.5%的硼砂，生长期喷施0.1%～0.4%的硫酸锌。缺铁时喷有机铁制剂。整个生长季可以喷3～4次0.3%～0.4%的尿素和0.2%～0.4%磷酸二氢钾。根外追肥应注意如下问题：

（1）使用浓度。在不发生肥害的前提下，尽可能使用高浓度肥料，只有这样才能保证最大限度地满足果树对养分的需要，且能加速肥料的吸收。根外追肥适宜浓度的确定与生育期和气候条件有关，幼叶浓度宜低，成龄叶宜高。降水多的地区可高些，反之要低，如降水多的情况下，用2%的氮、磷、钾溶液喷施，也不会发生意外，但在天气干燥时，必须降到0.5%以下。要想最大限度地发挥肥效又不产生肥害，喷前必须先做小型试验，找出适于当地的浓度，然后再扩大使用面积，特别是微量元素的使用较易出现问题，更要加以注意。

（2）喷肥次数。根外追肥的浓度一般较低，每次的吸收量很少，就是每次喷1%尿素溶液，其每公顷用量也不超过30kg，这个量比需求量低得多，而且喷后5d以内效果才好，20d以后效果显著降低或无效。因此，尿素、磷酸二氢钾等应增加喷施次数才能得到理想的效果。尿素应在果树生长的前期和后期使用，喷0.3%浓度溶液3～5次。过磷酸钙宜在果实生长初期和采果前喷施，一般可喷2～3次。为了提高鲜食桃的耐贮性，在采收前1个月内可喷施2次1.5%的醋酸钙溶液。磷酸二氢钾和草木灰宜在生长中后期喷施，可喷4～5次，尤其在果实着色期以及采果后到落叶前，对于提高果实品质、促进花芽分化有良好的促进作用。

（3）必须适时喷施。当桃树最需某种元素且又缺乏时，喷施该元素效果最佳。一般花期需硼量较大，它能促进花粉萌发与花粉管伸长，所以花期喷硼砂或硼酸能显著提高坐果率。缺铁时宜在生长前期喷0.1%硫酸亚铁加0.05%柠檬酸，必要时可重复2～3次。缺锰时在坐果期和果实生长期喷0.05%硫酸锰溶液，可提升果实含糖量和产量。

(4) 确定最佳喷施部位。不同营养元素在体内移动是不相同的，因此喷施部位应有所不同，特别是微量元素，在树体内流动较慢，最好直接施于需要的器官上。

(5) 选择适宜喷肥时间。在酷暑时期喷肥最好选择无风或微风的晴天10：00以前或16：00之后进行喷施。在气温高时根外追肥的雾滴不可过小，以免水分迅速蒸发。湿度较高时根外喷肥的效果较理想。

(七) 桃树的施肥量

1. 影响施肥量的因素

(1) 品种。李光桃开张性品种有酒香1号、酒育红光、甜干桃、小青皮，生长较弱，结果早，应多施肥；直立性品种生长旺，可适量少施肥。坐果率高、丰产性强的品种应多施肥，反之则少施。

(2) 树龄、树势和产量。树龄、树势和产量三者是相互联系的。树龄小的树一般树势旺，产量低，可以少施氮肥，多施磷、钾肥。成年树树势减弱，产量增加，应多施肥，注意氮、磷和钾肥的配合施用，以保持生长和结果的平衡。衰老树长势弱，产量降低，应增施氮肥，促进新梢生长和更新复壮。

一般幼树施肥量为成年树的20%～30%，4～5年生树为成年树的50%～60%，6年生以上树达到盛果期的施肥量。

(3) 土质。土壤瘠薄的沙土地、山坡地应多施肥。肥沃的土地应相应少施肥。

2. 确定施肥量　幼龄桃园可以根据树龄确定施肥量，定植后1～3年氮肥施用量分别为每亩5～8kg、10～12kg、13～15kg，磷、钾用量比氮肥用量稍多一些。进入盛果期，在施足有机肥的基础上，每生产 100kg 鲜桃需要补充化肥折合纯氮（N）0.6～0.8kg、磷（五氧化二磷）0.3～0.4kg、钾（氧化钾）0.7～0.9kg。例如产量为 3 000kg 的桃园需要补充尿素 40～53kg、过磷酸钙 75～100kg 和硫酸钾 35～45kg。

四、水分管理

桃树对水分较为敏感，表现为耐旱怕涝，但自萌芽到果实成熟需要供给充足的水分才能满足正常生长发育的需求。适宜的土壤水分有利于桃树枝条生长、开花、坐果、果实生长、花芽分化、品质提高。在桃整个生长期，土壤含水量在 40%～60%的范围内有利于枝条生长与生产优质果品。试验结果表明，当土壤含水量降到 10%～15%时，枝叶出现萎蔫现象。一年内不同的时期对水分的要求不同。桃树需水的 2 个关键时期为花期和果实最后膨大期，花期水分如不足，则萌芽不正常、开花不齐、坐果率低；果实最后膨大期如土壤干旱，会影响果实细胞体积的增大，减少果实重量和体积，这两个时期应尽量满足桃树对水分的需求。因此，需根据不同品种、树龄、土壤质地、气候特点等来确定桃园灌溉的时期和用量。

（一）灌水的时期

1. 萌芽期和开花前 这次灌水是补充长时间的冬季干旱，为桃树萌芽、开花、展叶，早春新梢生长，扩大枝、叶面积，提高坐果率做准备。此次灌水量要大。在酒泉市李光桃栽培区域内，此期要防止土壤干旱，避免因缺水造成花期不育和新梢停止生长。

2. 花后至硬核期 此时枝条、果实均生长迅速，需水量较多，枝条生长量占全年总生长量的 50%左右。硬核期对水分也很敏感，水分过多则新梢生长过旺，与幼果争夺养分，会引起落果。所以灌水量应适中，不宜太多。

3. 果实膨大期 一般是在果实采前 20～30d，此时的水分供应充足与否对产量影响很大。此阶段在酒泉市对李光桃早熟品种来说还处于干旱时期，需进行灌水。中早熟品种（7 月下旬）此时灌水也要适量，灌水过多，有时会造成裂果、裂核。晚熟李光桃品种成熟期在秋季，不宜灌水过多，桃园不干不灌水。

4. 控氮控水　进入7月正是桃树的花芽分化期，这个时间段不宜施氮肥。可在7月上旬每亩桃园追施过磷酸钙20～30kg，促进花芽分化。8—9月不旱不灌水，如遇秋雨连绵天气和主干渠排水致使桃园积水，应注意做好开沟排水工作。其他管理与一般桃园相同。

5. 休眠期　酒泉市气候特征为冬季严寒、春季干旱，在桃树入冬前20多天要充分灌水，有利于桃树越冬。灌水的时间应掌握在以水在田间能完全渗下去，而不在地表结冰为宜。

（二）灌水方法

1. 地面灌溉　地面灌溉有沟灌和漫灌，即在桃树栽植沟内和整块桃园，将水引入桃园地灌溉。沟灌特点是灌水充足，用水量小，省工省时；漫灌用水量过大，水分耗损多，桃树容易造成涝灾，大面积种植李光桃不宜采取大水漫灌。

2. 喷灌　喷灌在我国发展较晚，近十年发展迅速。喷灌比地面灌溉省水30%～50%，并有喷布均匀、减少土壤流失、调节桃园小气候、增加桃园空气湿度、避免干热、低温和晚霜对桃树的伤害等优点。同时节省土地和劳力，便于机械化操作。

3. 滴灌　滴灌是将灌溉用水在低压管系统中送达滴头，由滴头形成水滴灌溉。用水量仅为沟灌的20%～25%，是喷灌的1/2左右，而且不会破坏土壤结构，不妨碍根系的正常吸收，具有节省水分、增加产量、防止土壤次生盐渍化等优点。对于提高果品产量和品质均有益，是一项有发展前途的灌溉技术，特别在西北水资源短缺干旱地区，应用前途广阔。桃园进行滴灌时，滴灌的次数和灌水量依灌水期和土壤水分状况而定。在桃树的需水临界期进行滴灌时，春旱年份可隔天灌水，一般年份可5～7d灌水1次。每次灌溉时，应使滴头下一定范围内土壤水分达到田间最大持水量，而又无渗漏为最好。采收前灌水量以使土壤湿度保持在田间最大持水量的60%左右为宜。生草的桃园，更适于进行滴灌或喷灌。

（三）灌水与防止裂果

有些李光桃品种如大青皮就易发生裂果，这与品种特性有关，但也与栽培技术有关，尤其与土壤水分状况有关。尽量避免前期干旱缺水，后期大水漫灌。因为灌水对果肉细胞的含水率有一定影响，如果能保持稳定的含水量，就可以减轻或避免裂果。滴灌是最理想的灌溉方式，它可为易裂果品种生长发育提供较稳定的土壤水分和空气湿度，有利于果肉细胞的平稳增大，减轻裂果。如果是漫灌，也应在整个生长期保持水分平衡，保持土壤湿度相对稳定。

五、桃园花果管理

（一）疏花疏果

1. 疏花疏果的时期 疏花是在开花前或整个开花期进行。疏果的时间与桃品种及当年花期气候有关。坐果高的李光桃品种要早疏，坐果低的李光桃品种可以适当晚疏。对于树龄来说，成年生树要早疏，幼年生树可以适当晚疏。对有大小年现象的桃园，大年早疏，小年晚疏。桃疏果分 2 次进行，第 1 次疏果一般在落花后 15d 左右，能区分出大小果时方可进行，留果量为最后留果量的 2～3 倍。第 2 次疏果时期是在第 1 次疏果结束之后就开始，到果实硬核期前结束。

2. 定果时期 定果是确定当年的留果数量，定果在完成第 1 次疏果之后就着手进行，为花后 4～6 周，在硬核之前结束。疏果和定果直接关系到果树一年的产量和果实品质，更关系到当年的收入。所以，一定要把握时机，认真操作，才能丰产、优质。

3. 疏花疏果的方法 疏花是疏去晚开花、畸形花、朝天花和无枝叶的花。要求留枝条上中部的花，疏花量一般为总花量的 1/3。

疏果要先疏去双果、小果和果形不正的果。留果时，果枝所处的部位不同，留果量也不一样，树体上部的结果枝要适当多留果，下部的结果枝要少留果，以果控制旺长，达到均衡树势的目的。树势强的树多留果，树势弱的树少留果。另外，定果时还要考虑果实大小。一般长果枝留果2～4个（大中型果留2个，小型果留3～4个），中果枝留1～3个（大中型果留1～2个，小型果留2～3个），短果枝留1个或不留（大中型果每2～3个果枝留1个果，小型果每1～2个枝留1个果）。弱果枝和花束状果枝一般不留果，预备枝不留果，也可根据果间距进行留果，果间距为15～20cm，依果实大小而定。

（二）果实套袋

1. 果实套袋的优点

（1）提高果品质量。套袋可以改善果面色泽，使果面干净、鲜艳，提高果品外观质量。如紫胭脆桃，果面为暗紫红色，消费者不喜欢，经过套袋，变为粉红色，色泽艳丽。对于果面不光滑的晚熟李光桃品种，如麻脆桃等经过套袋，可使果实表面光洁，颜色深绿透亮，艳丽美观，消费者喜爱。

（2）减轻病虫危害及果实农药残留。果实套袋可有效地防止食心虫、桃蛀螟、桃炭疽病、桃褐腐病的危害，提高好果率，减少生产损失。同时由于套袋给果实创造了良好的小气候，避开了与农药的直接接触，果实中的农药残留也明显减少，已成为生产无公害果品的主要手段。

（3）防止裂果。一些晚熟李光桃品种由于果实发育期长，果实长期受不良气候、病虫害、药物的刺激和环境影响，表面老化，在果实进入第三生长期时，果皮难以承受内部生长的压力，易发生裂果。据调查，麻脆桃一般年份裂果率达30%，个别年份高达70%。如进行套袋，可以有效地防止裂果，裂果率可降低到1%。

（4）减轻和防止自然灾害。近几年，自然灾害发生频繁，夏季高温、大风、冰雹等在酒泉市时有发生，给桃树生产带来了很大损失。试验证明，对果实进行套袋，可有效地防止日灼，并可减轻冰雹危害。

2. 果实袋种类的选择　套袋用纸不宜用报纸，因报纸含油墨及铅，影响果实表面的美观，所以套袋要采用专用纸袋。近几年我国青岛、烟台、石家庄等地推出了不同类型的专用袋，使用效果较好，各地可以先试验，待成功后选择效果较好的袋型。

3. 适宜套袋的品种 易裂果的品种和晚熟品种必须套袋。易裂果品种如麻脆桃等和其他一些中晚熟李光桃品种一般要套袋。

4. 套袋的方法

（1）套袋时间。套袋在疏果定果后进行，时间应掌握在主要害虫进入果实之前，套袋前喷1次杀虫杀菌剂。不易落果的品种及盛果期树先套，落果多的品种及幼树后套。

（2）套袋操作。将袋口连着枝条用麻皮和铅丝紧紧缚上，专用袋在制作时已将铅丝嵌入袋口处。无论绳扎或铅丝扎袋口均需扎在结果枝上，扎在果柄处易造成压伤或落果。

（3）摘袋时间。因李光桃品种和栽培地区不同而异。大果型李光桃品种采收前摘袋，有利于着色。硬肉李光桃品种于采前3～5d摘袋，软肉李光桃于采前2～3d摘袋。不易着色的李光桃品种，如大青皮、麻脆桃应在采前2周摘袋效果最好。摘袋宜在阴天或傍晚时进行，使桃果免受阳光突然照射而发生日灼，也可在摘袋前数日先把纸袋底部撕开，使果实先受散射光，逐渐将袋体摘掉。用于罐藏加工的桃果采前不必摘袋，采收时连同果袋一并摘下。

5. 套袋后及摘袋后管理 一般套袋果的可溶性固形物含量比不套袋果有所降低，在栽培管理上应加强提高果实可溶性固形物含量的措施，如增施磷、钾肥等。为使果实着色好，摘袋前要疏除背上枝、内膛徒长枝，以增加光照度。摘袋后要及时进行摘叶。地面铺反光膜可促进果实着色，一般是在摘袋后立即铺上，用砖等重物多点压实，每亩铺膜面积为300～400m^2。

六、桃缺素症及防治方法

（一）缺氮症

1. 症状 土壤缺氮会使全株叶片上形成坏死斑。缺氮枝条细弱，短而硬，皮部呈棕色或紫红色。缺氮的植株果实早熟，上色好。离核桃的果肉风味淡，含纤维多。

2. 发生规律 缺氮初期，新梢基部叶片逐渐变成黄绿色，枝梢也随即停长。当继续缺氮，新梢上的叶片由下而上全部变黄。叶柄和叶脉则变红，因为氮素可以从老熟组织转移到幼嫩组织中，所以缺氮症多在较老的枝条上表现得比较显著，幼嫩枝条表现较晚且轻。严重缺氮时，叶脉之间的叶肉出现红色或红褐色斑点。在后期，许多斑点发展成为坏死斑，这是缺氮的特征。土壤瘠薄、管理粗放、杂草丛生的桃园易表现缺氮症。在沙质土壤上的幼树，新梢速长期或遇大雨，几天内即表现出缺氮症。

3. 防治方法　缺氮的植株易于矫正。桃树缺氮应在施足有机肥的基础上，适时追施氮素化肥。

施有机肥：早春或晚秋，最好是在晚秋，按每产 1kg 桃果施 2～3kg 有机肥的比例开沟施有机肥。

追施氮素化肥：如碳酸氢铵、尿素。施用后症状很快减轻。在秋梢迅速生长期，树体需要大量氮素，而此时土壤中氮素易流失。除土施外，也可用0.1%～0.3%尿素溶液喷布树冠。

（二）缺磷症

1. 症状　缺磷较重的桃园，新叶片小，叶柄及叶背的叶脉呈紫红色，以后呈青铜色或褐色，叶片与枝条呈直角。

2. 发生规律　由于磷可从老熟组织转移到新生组织中被重新利用，因此老叶片首先表现症状。缺磷初期，叶片较正常或变为浓绿色、暗绿色，似氮肥过多。叶肉革质，扁平且窄小。缺磷严重时，老叶片往往形成黄绿色或深绿色相间的花叶，叶片很快脱落，枝条纤细。新梢节短，甚至呈轮生叶，细根发育受阻，植株矮化。果实早熟，肉干汁少，风味不良，并有深的纵裂和流胶。土壤碱性较大时，不易出现缺磷现象，幼龄树缺磷受害最显著。桃树缺磷时，除土壤中含磷量少外，在土壤中含钙量多的盐碱地区，土壤中磷素被固定成磷酸钙或磷酸铁铝，不能被吸收，也是缺磷的重要因素。

3. 防治方法　增施有机肥料，改良土壤是防治缺磷症的有效办法。施用过磷酸钙或磷酸二氢钾，防治缺磷效果明显，但必须注意，磷肥施用过多时，会引起缺铜、缺锌现象。

施有机肥：秋季施入腐熟的有机肥，施入量为桃果产量的 2～3 倍，将过磷酸钙和磷酸二氢钾混入有机肥中一并施用，效果更好。

追施速效磷肥：可施入磷酸二铵或专用肥料，轻度缺磷的果园，生长季节喷 0.1%～0.3%磷酸二氢钾溶液 2～3 次，可使症状得到缓解。

（三）缺钾症

1. 症状 缺钾症状的主要特征是叶片卷曲并皱缩，有时呈镰刀状。晚夏以后叶变浅绿色。严重缺钾时，老叶主脉附近皱缩，叶缘或近叶缘处出现坏死，形成不规则边缘和穿孔。

2. 发生规律 缺钾初期，表现枝条中部叶片皱缩。继续缺钾时，叶片皱缩更明显，扩展也快。此时遇干旱，易发生叶片卷曲现象，以至全树呈萎蔫状。缺钾影响氮的利用率，叶片呈黄绿色，以后形成褐色斑块，并进而形成穿孔或缺刻，叶片破碎。那些缺钾而卷曲的叶片背面，常变成紫红色或淡红色。新梢细短，生理落果率高，果小，花芽少或无花芽。桃树对钾的需求量高，田间轻度缺钾时，前期不易表现症状，后期果实膨大需钾量增加时才易表现出来。

在细沙土、酸性土和有机质少或施用钙、镁较多的土壤上，易表现缺钾症。在沙壤土中施石灰过多，会降低钾的可给性，在轻度缺钾的土壤中施用氮肥时，刺激桃树生长，更易表现缺钾症。桃树缺钾，容易遭受冻害或旱害，但施钾肥后常引起缺镁症。钾肥过多，会引起缺硼。

3. 防治方法 桃树缺钾，应在增施有机肥的基础上注意补施一定量的钾肥，避免偏施氮肥。生长季喷施 0.2%硫酸钾或硝酸钾 2～3 次，可明显防治缺钾症状。

（四）缺铁症

1. 症状 桃树缺铁主要表现叶脉保持绿色，而脉间褪绿。严重时整片叶全部黄化，最后白化，导致幼叶、嫩梢枯死。

2. 发病规律 由于铁在植物体内不易移动，缺铁症从幼嫩叶上开始。开始叶肉先变黄，而叶脉保持绿色，叶面呈绿色网纹失绿。随着病势发展，整叶变白，失绿部分出现锈褐色枯斑或叶缘焦枯，引起落叶，最后新梢顶端枯死。一般树冠外围、上部的新梢顶端叶片发病较重，往下的老叶病情逐渐减轻。

在盐碱或钙质土中，桃树缺铁较为常见。在桃树缺铁症易发生的地区，又在干旱和植株迅速生长的季节较为严重。但在一些低洼地区导致盐分上泛，或在土壤含水量长期多的情况下，土壤通气性差，根系的吸收能力降低，常引起更为严重的缺铁症。

3. 防治方法　防治缺铁症应以控制盐碱为主，增加土壤有机质，改良土壤结构和理化性质。增加土壤的透气性为根本措施，再辅助其他防治方法，才能取得较好效果。

碱性土壤可施用石膏、硫黄粉、生理酸性肥料加以改良，促使土壤中被固定的铁元素释放出来。

控制盐害是盐碱地区防治桃树缺铁症的重要措施。主要方法有：每年用河水灌溉桃园1～3次，以便及时灌水压盐；在灌水后及时中耕，减少盐分随毛细管水分蒸发上升至地面、在泛盐季节，无灌水压盐条件的桃园，可用秸秆、杂草、马粪等进行地面覆盖或覆膜，也可起到减轻盐害的作用。

桃黄叶病严重的桃园，必须补充可溶性铁。发芽前枝干喷施0.3%～0.5%硫酸亚铁溶液。萌芽前每株成龄树浇灌30～50倍的硫酸亚铁水溶液50～100kg，或每株撒施硫酸亚铁1～2kg；把硫酸亚铁1份与有机肥5份混合，每株施2.5～5.0kg。施用螯合铁，喷1 000～1 500mg/kg硝基黄腐酸铁，每隔7～10d施用1次，连喷3次。

（五）缺锌症

1. 症状　桃树缺锌症主要表现为小叶，所以又称小叶病。新梢节间短，顶端叶片挤在一起呈簇状，有时也称丛簇病。

2. 发生规律　桃树缺锌症以早春症状最明显，主要表现于新梢及叶片，而以树冠外围的顶梢表现最为严重。一般病枝发芽晚，叶片狭小细长，叶缘略向上卷，质硬而脆，叶脉及附近淡绿色，失绿部分呈黄绿色乃至淡黄色，叶片薄似透明，在这些褪绿部位有时会出现红色或紫色污斑。缺锌严重的桃树近枝梢顶部节间呈莲座状叶，从下而上会出现落叶。多数叶片沿着叶脉和围绕黄色部位有较宽的绿色部分，有别于缺锰症（见下页）。由于这种病梢生长停滞，故病梢下部可另发新梢，但仍表现出相同的症状。病枝上不易成花坐果，果小而畸形。

缺锌和下列因素有关：沙壤土果园土壤瘠薄，锌的含量低；由于土壤透水性好，灌水过多造成可溶性锌盐消失；氮肥施用量过多造成锌需求量增加；盐碱地锌易被固定，不能被根系吸收；土壤黏重，活土层浅，根系发育不良易缺锌；重茬果园或苗圃地更易患缺锌症。

3. 防治方法 发芽前喷3%～5%硫酸锌溶液，发芽初喷1%硫酸锌溶液，花后3周喷0.2%硫酸锌加0.3%尿素，可明显减轻症状。结合秋施有机肥，每株成龄树加施0.3～0.5kg硫酸锌，第2年见效，持效期长达3～5年。

（六）缺硼症

1. 症状 桃树缺硼可使新梢在生长过程中发生“顶枯”，也就是新梢从上往下枯死。在枯死部位的下方会长出侧梢，使大枝呈现丛枝反应。在果实上表现为发病初期果皮细胞增厚，木栓化，果面凹凸不平，以后果肉细胞变褐木栓化。

2. 发生规律 由于硼在树体组织中不能贮存，也不能从老组织转移到新生组织中去，因此在果树生长过程中，任何时期缺硼都会导致发病。除土壤中缺硼引起桃树缺硼症外，其他因素还有：一是土层薄、缺乏腐殖质和植被保护，易造成雨水冲刷而缺硼；二是土壤pH在5～7时，硼的有效性最高，土壤偏碱或石灰过多，硼被固定，不能被有效利用；三是土壤太干，硼也不能被吸收利用。

3. 防治方法

（1）土壤补硼。秋季或早春，结合施有机肥加入硼砂或硼酸。一般每亩施入量为15～20kg，可每隔3～5年施1次。

（2）树上喷硼。在强盐碱性土壤里，由于硼易被固定，采用喷施效果更好，发芽前枝干喷施1%～2%硼砂水溶液，或分别在花前、花期和花后各喷1次0.2%～0.3%硼砂水溶液。

（七）缺钙症

1. 症状　桃树对缺钙最敏感。主要表现在顶梢上的幼叶从叶尖端或中脉处坏死，严重缺钙时，条尖端以及嫩叶似火烧般地坏死，并迅速向下部枝条发展。

2. 发生规律　钙在较老的组织中含量很多，但移动性很小，缺钙时首先是根系生长受抑制，从根向后枯死。春季或生长季表现为叶片或枝条坏死，有时表现为许多枝异常粗短，顶端深棕绿，大型叶片多，花芽形成早，茎上皮孔涨大，叶片纵卷。

3. 防治方法

（1）提高土壤中钙的有效性。增施有机肥料，酸性土壤施用适量的石灰，可以中和土壤pH，提高土壤中有效钙的含量。

（2）土壤施钙。秋施基肥时，每株施500～1 000g石膏（硝酸钙或氧化钙），与有机肥混合均匀后一并施入。

（3）叶面喷施。在沙壤土上的植株叶面喷施5%硝酸钙，重病树一般喷3～4次即可。

（八）缺锰症

1. 症状　桃树对缺锰敏感，缺锰时嫩叶和叶片长到一定大小后呈现特殊的侧脉间褪绿。严重发病的脉间有坏死斑，早期落叶，整个树体叶片稀少，果实品质差，有时出现裂皮。

2. 发生规律　土壤中的锰是以各种形态存在，在有腐殖质和水时，呈可吸收态；土壤为碱性时，则为不溶解状态；土壤为酸性时，常由于锰含量过多，而造成果树中毒；春季干旱，易发缺锰症。树体内锰和铁相互影响，缺锰时易引起铁过多症。反之锰过多时，易发生缺铁症，因此树体内铁锰比应在一定范围内。

3. 防治方法

（1）增施有机肥。在强酸性土壤中，避免施用生理酸性肥料，控制氮、磷的施用量。在碱性土壤中可施用生理酸性肥料。

（2）叶面喷施锰肥。早春喷硫酸锰400倍液，效果明显。

（3）土壤施锰。将适量硫酸锰混合在其他有机肥料中施用。

（九）缺镁症

1. 症状 将桃苗栽于缺镁的培养液中，可见到较老的绿叶产生浅灰色或黄褐色斑点，位于叶脉之间，严重时斑点扩大，达到叶边。初期症状出现褪绿，颇似缺铁，严重时引起落叶，从下向上发展，使新梢上的叶片只剩一半。当叶脉之间绿色消退，叶组织外观像一张灰的纸，黄褐色斑点增大直至叶的边缘。

2. 发生规律 在酸性土壤或沙壤土中镁易流失，在强碱性土壤中镁也会变成不可给态。当施钾或磷过多，常会引起缺镁症。

3. 防治方法 在缺镁桃园，应在增施有机肥和加强土壤管理的基础上，进行根施或叶面喷施镁肥。

（1）根部施镁。在酸性土壤中，为中和酸度可施镁石灰或碳酸镁；中性土壤可施用硫酸镁。也可每年结合施有机肥，混入适量硫酸镁。

（2）叶面喷施。一般在6—7月喷0.2%～0.3%硫酸镁，效果较好。但叶面喷施可先做单株试验，不出现药害后再普遍喷施。

七、自然灾害及预防

（一）冻害

桃树冻害是指零度以下低温对桃树的伤害，其受害部位通常在根颈、根系、树干皮部、枝条和花芽。果实和叶片有时也遭受冻害。桃树各器官受害的程度、表现症状与发生冻害的程度、发生时期等直接相关。

1. 症状

（1）树干冻害。温度变化剧烈而温度低的冬季，树干易遭受冻害。树干受冻后有时形成纵裂，树皮常沿裂缝脱离，严重时外卷。冻裂后随着气温升高一般可以愈合，严重冻伤时则会整株死亡。冻裂主要是由温度变化剧烈，主干组织内外张力不均而引起的。裂缝一般只限于皮部，以西北方向为多。冻裂部位多在角度小的分杈处或有伤口的部位。

（2）枝条冻害。冬季各级枝条会出现不同程度的冻害。成熟枝条各组织中以形成层最抗寒，皮层次之，而木质部、髓部最不抗寒。因此，轻微受冻时只表现为髓部变色，中等冻害时木质部变色，严重冻害时才冻伤韧皮部，待形成层变色时枝条则失去恢复能力。在生长期则以形成层抗寒力最差。幼树生长停止较晚，枝条常不成熟，易加重冻害，尤以先端成熟不良部分更易受冻。

较重冻害时枝条脱水干缩，严重冻害时自外向内各级枝条都可能冻死。枝条受冻常与抽条同时出现，以冻害为主时组织变色较为明显，而抽条主要表现为枝条干缩。成年桃树以衰弱的结果枝和内膛小枝最易受冻。

多年生枝冻害常表现为树皮局部冻伤。受冻部分最初微变色下陷，不易察觉，用刀挑开可发现皮部已变褐；其后逐渐干枯死亡，皮部裂开脱落。如形成层尚未受伤，可以逐渐恢复。多年生枝杈部分，特别是主枝的基角内部，由于进入休眠期较晚，位置荫蔽而狭窄，输导组织发育差，很易遭受积雪冻害或一般冻害。受冻枝干易感染桃腐烂病、桃干腐病和桃流胶病。

（3）花芽冻害。花芽一般较叶芽和枝条抗寒力低，故其冻害发生的地理范围较大，受冻年份也较频繁。严重冻害时，花芽全部死亡，逐渐干枯脱落。较轻冻害时，常表现花原始体受冻而枝叶未死，春季花芽枯落，而枝叶尚能缓慢萌发，花内分化较完全的花冻死或冻伤畸形，而部分花尚能开花结果。花芽的轻度冻害常表现花器内部器官受冻，最易受冻的是雌蕊。调查资料表明，花芽越冬时分化程度越深、越完全，则抗寒力越低。

（4）根颈冻害。根颈是地上部进入休眠最晚而结束休眠最早的部位，因此抗寒力低。同时根颈所处的部位接近地表，温度变化剧烈，所以最易受低温或温度剧烈变化的伤害。根颈受冻后，树皮先变色，以后干枯，可发生在局部，也可能呈环状。根颈冻害对植株危害很大，常引起树势衰弱或整株死亡。桃树的干腐病就是因此而产生的。

（5）根系冻害。桃树的根系较上部耐寒力差。根系无休眠期，所以形成层最易受冻，皮层次之，木质部抗寒力较强。根系受冻后变褐，皮部易与木质部分离。根系虽无休眠期，但越冬时活动力明显减弱，故耐寒力较生长期略强。一般粗根较细根耐寒力强，但近地面的根系，如粗根由于地表温度低，较下层根系易于受冻。新定植的桃树和幼树根系小而浅，易受冻害，而大树相对较抗寒。

2. 防止冻害的方法

（1）可选育抗寒砧木和品种。这是防止冻害最根本且有效的途径，能从根本上提高桃树的抗寒力。

（2）因地制宜，适地适栽。各市区县严格选择当地主要发展品种。在气候条件较差易受冻害的地区，可采取利用良好的小气候，适当集中的方法。新引进的品种必须先进行试栽，在产量和品质达到基本要求的前提下再推广。

（3）抗寒栽培。利用抗寒力强的砧木进行高接建园可以减轻桃树的冻害；矮化密植可以增强群体作用，减轻冻害。在幼树期，应采取有效措施，使枝条及时停长，秋季控水，不灌封冻水，加强越冬锻炼。结果树必须合理负荷，避免因结果过多，而使树势衰弱，降低抗冻能力。

在年周期管理中，应本着促进前期生长，控制后期生长，使之充分成熟，积累养分，接受锻炼，及时进入休眠的原则进行管理。

（4）加强树体的越冬保护。幼树整株培土，大树主干培土。覆盖、设风障、包草、涂白等都有一定效果。

（二）霜害及其防御措施

在李光桃树生长季由于急剧降温，水气凝结成霜而使幼嫩部分受冻，称为霜冻。霜冻对桃树造成的损害称为霜害。

1. 霜冻的症状 酒泉地区秋季降温、春季倒春寒频发。在早春及晚秋寒潮入侵时，常使气温骤降，形成霜害。一般说来，纬度越高，无霜期越短。本地无霜期 110～150d。在同一纬度上，我国西部大陆性气候明显，无霜期较东部短，受霜害的威胁也较大。在同一地区海拔越高，无霜期越短。酒泉市肃州区沿山片区，玉门市玉门镇和昌马乡、瓜州县锁阳镇南部区域无霜期更短。小地形与霜期有密切关系，一般坡地较洼地、南坡较北坡、近大水面的较无大水面的地区无霜期长，受霜冻威胁较轻。

早春萌芽时受霜冻，嫩芽或嫩枝变褐色，鳞片松散而干。花蕾期和花期受冻，由于雌蕊最不耐寒，轻霜冻时只将雌蕊和花托冻死，花朵照常开放，稍重的冻害可将雄蕊冻死，严重霜冻时花瓣受冻变枯脱落。幼果受冻轻时，剖开果实可发现幼胚变褐，而果实还保持绿色，以后逐渐脱落。受冻重时则全果变褐很快脱落。有的幼果轻霜冻后还可继续发育，但非常缓慢，成畸形果，近梗洼周围有时出现霜冻环。

由于霜害发生时的气温逆转现象，越接近地面气温越低，所以桃树下部受害较上部重。湿度对霜冻有一定影响，湿度大可缓冲温度，故靠近大水面的地方或霜前灌水都可减轻危害。

霜冻的程度还决定于温度变化大小、低温强度、持续时间和温度回升快慢等气象因素。温度变化越大，温度越低，持续时间越长，则受害越重。温度回升慢，受害轻的还可恢复，如温度骤然回升，则会加重受害。

2. 防霜措施 根据桃园霜冻发生原因和特点，防霜途径如下：增加或保持桃园热量；促使上下层空气对流，避免冷空气积聚；推迟桃树物候期，增加对霜冻的抗力。经常发生霜冻的地区应从建园地点和品种选择等方面着手。

在经常出现霜冻的地区，可进行延迟发芽处理，减轻霜冻程度。延迟萌芽和开花可考虑以下途径：一是春季灌水。春季多次灌水能降低土温，延迟发芽。萌芽后至开花前灌水2～3次，一般可延迟开花2～3d。二是涂白。春季进行主干和主枝涂白可以减少对太阳热能的吸收，可延迟发芽和开花3～5d。早春（萌芽前）用7%～10%石灰液喷布树冠，可使一般树花期延迟3～5d。在春季温度剧烈变化的地区，效果尤为显著。

改变果园霜冻时的小气候：一是加热。加热防霜是现代防霜较先进而有效的方法。许多国家如美国、俄罗斯等利用加热器提高果园温度。在果园内每隔一定距离放置1个加热器，当霜冻将要来临时点火加温，下层空气变暖而上升，而上层原来温度较高的空气下降，在果园周围形成暖气层。果园中设置加热器以数量多而每个加热器释放热量小为原则，可以达到既保护桃树，又减少浪费。加热法适用于大果园，果园太小，往往微风可将暖气吹走。二是吹风。霜害是在空气静止情况下发生的，如利用大型吹风机增强空气流通，将冷气吹散，可以起到防霜效果。有些欧美国家利用这种方法，隔一定距离设1个旋风机，在即将霜冻前开动，可收到一定效果。三是人工降雨、喷水或根外追肥。利用人工降雨设备或喷灌等喷雾设备向桃树上喷水，水遇冷凝结时可放出潜热，并可增加湿度，减轻冻害。根外追肥能增加细胞液浓度，效果更好。四是熏烟。在最低温度不低于－2℃的情况下，可在果园内熏烟。熏烟能减少土壤热量的辐射散发，同时烟粒吸收湿气，使水气凝成液体而放出热量，提高气温。常用的熏烟方法是用易燃的干草、草秸等与潮湿的落叶、草根、锯末等分层交互堆起，外面覆一层土，中间插上木棒以利点火，出烟烟堆大小一般不高于1m。根据当地气象预报有霜冻危险的夜晚，在温度降至5℃时即可点火发烟。

防霜烟雾剂防霜效果很好，配方为硝酸铵20%、锯末70%、废柴油10%。将硝酸铵研碎，锯末烘干过筛。锯末越碎，发烟越浓，持续时间越长。平时将原料分开放，在霜冻来临时按比例混合，放入铁筒或纸壳筒，根据风向放置，待降霜前点燃，可提高温度1.0～1.5℃，烟幕可维持1h左右。

加强综合栽培管理技术，增强树势，提高抗霜能力。霜冻如已造成灾害，更应采取积极措施，加强管理，争取产量和树势的恢复。对晚开的花应人工授粉，提高坐果率，以保证当年有一定产量。与此同时，应促进当年的花芽分化，为来年的丰产打下基础。幼嫩枝叶受冻后，仍会有新枝和新叶长出，采取措施使之健壮生长，恢复树势。

（三）风害

1. 风的危害

（1）影响树体和树形。因为风是向一边刮，当栽植幼树整形时，有的主枝就偏向一侧，很难整形，而且树形也不整齐，形成偏冠树。风也影响到树体组织内部，树干的迎风面由于风的压力其年轮小而密，背风面年轮粗而宽。

（2）降低桃树的光合作用强度。北方的风常常伴随干旱，如冬季大风，春夏季 6 月之前的旱风，都会给桃树生长发育带来影响。旱风加强蒸腾作用，消耗水分过多，根系的运输供不应求，叶片气孔关闭，光合作用强度降低。另外，风会使桃树供水不足，降低叶片周围二氧化碳浓度，从而导致光合作用强度降低。

（3）影响桃树生长量。据调查，由于风的摇摆，使树液流动受阻，营养物质运输不畅，使根系的生长受到抑制，从而降低植物的生长量，所以有风地区小树的生长量比无风地区的小树生长量低25%，而且干周直径也小。

酒泉市李光桃栽培，春季的大风常加剧水分的散失，造成桃树越冬抽条死亡。春夏季的旱风会吹焦新梢、嫩叶，吹干柱头，影响授粉受精，加重早期落叶，甚至会吹断枝条或将大枝劈裂。秋季大风引起采前落果严重，影响果品产量和质量。

沙滩地果园最易发生风害，一遇大风常飞沙走石，如酒泉市肃州区沿山、金塔县等地区，大风使树根外露或埋没树干，影响幼树成活和树体生长发育。花期风沙会使花朵内灌满沙子，影响受精坐果。

2. 防治风害的措施

（1）适地建园。建园时应避免选在风沙口、风口和风道等易遭风害的地点，并要合理安排果园的小区面积、栽植方式和密度。

（2）营造防护林。这是预防和减轻风害的根本途径。沙地果园应按防风固沙林、山地果园按水土保持林的要求造林。在新建果园时应尽量先造林后栽桃树，使防护林及时发挥作用。在风较大的地区，主林带行数和密度要增加，林带网格要小。

（3）加强果园管理及临时防风措施。采用低干矮冠整形或开心形整形。对浅根性桃树和高接换头桃树，可设立支柱，苗圃可临时加风障。对结果量大的桃树要及时进行顶枝和吊枝，采前进行树下覆盖或松土。对已经遭受风害桃树应及时护理，把被吹倒或歪斜的植株扶正，折断的根加以修剪后填土压实，对劈裂的大枝可根据情况及时锯除或绑缚吊起。

（四）日灼

1. 日灼的症状 又称日烧，是由太阳照射而引起的生理病害。在我国各地均有发生，尤以北方干寒地带果园在干旱的年份发生更多。桃树日灼发生更重。

桃树的日灼因发生时期不同，有冬春季日灼和夏秋季日灼两种。前者多发生在寒冷地区的果树主干和大枝上，常发生在西南面。由于冬春白天太阳照射枝干使温度升高，冻结的细胞解冻，而夜间温度又忽然下降，细胞又冻结，冻融交替使皮层细胞受破坏而造成日灼。开始受害时多是枝条的阳面，树皮变色横裂呈块斑状。危害严重时韧皮部与木质部脱离。急剧受害时，树皮凹陷，日灼部位逐渐干枯、裂开或脱落，枝条死亡。夏秋季日灼在桃的枝干上发生时常出现横裂，破坏表皮，降低了枝条的负重量，易引起裂枝。

2. 日灼发生的规律和原因 日灼发生的主要原因是树干上阳光直射处昼夜温差太大。据栽培学家研究，树干四周不同方向温度差可达 18℃之多。桃树阴面夜间树干表皮只有 8.5℃，阳面正南或西南方白天树干表皮最高温度可达 23.5℃。白天阳光直射温度升高，夜晚温度骤降，致使桃树皮层细胞结冰坏死，就会发生日灼病，所以巨大温差是造成日灼的主要原因。

3. 防治方法

（1）树干涂白。入冬后，按照生石灰 8 份、硫黄粉 1 份、凡士林 1 份、盐 1 份、水 18 份的配比加热混匀，进行涂抹。如果病虫害严重的话，可在其中加些碱性农药。涂白保护树干，可以反射阳光缓和树干表面温度的剧变，我国北方普遍采用，对减经日灼和冻害有明显的作用。有人进行测定，涂白后效果显著，降温总量依次为南 21.6℃、东 13.6℃、西 13.5℃、北 3.8℃，南面最高温度降至 14.5℃，已接近北面。

（2）加强综合管理。保证树体正常生长结果，生长季特别应防止干旱，避免各种原因造成叶片损伤。需要灌冬水的桃园，要提早到 9 月底至 10 月初浇灌冬水。注意树冠管理防止枝干日灼，应防止主干和主枝光秃、多留辅养枝，大伤口要及时涂保护剂。防止果实日灼时应尽量在树冠内部结果。阳面果要留在有叶片遮盖处，必要时可套袋。

第六章 李光桃整形与修剪

原产于我国新疆、甘肃一带的李光油桃以其光滑无毛、色泽艳丽、食用方便和良好的营养保健价值而深受人们的青睐，近年来已成为酒泉重点推广的主要果树之一。良好的树形结构是提升桃质量和产量的重要条件，整形修剪就是理顺桃的生长发育规律，再结合品种特性、栽植密度、土肥水管理水平，对树体结构和枝条分布进行合理协调，以达到最佳效应。桃树随树龄增长树冠逐步扩大，枝叶过多势必造成外密内空、树势早衰、大小年严重和果实产量、质量降低等后果。整形的目的就是人为地把树体整理成一定的形状，在符合其自身的生长发育特点的基础上，使主侧枝在树冠内配置合理，构成坚固的骨架，能负担起一定的重量，并充分利用空间和光照，减少非生产性枝，缩短地上部与地下部距离，使果树立体结果，生长健壮，丰产优质。桃树修剪是剪除果树营养器官的一部分，以调整树冠结构和更新枝类组成的技术措施，是调节果树生长与结果关系的措施，它除完成整形任务外，还应使各类枝条分布协调，充分利用光照条件，调节养分分配，使桃树早结果、早丰产、稳产，延长盛果期和经济寿命。

第一节 整　形

一、整形修剪的概念与目的

（一）概念

1. 整形 整形是指根据生产或观赏的需要，通过修剪技术把树冠整成一定结构与现状的过程。目的是从幼树的苗期就开始培养符合各种要求的骨干枝。

2. 修剪　修剪是指对具体枝条采取的各种外科手术性的修整和剪截措施。如短截、缓放等。

（二）整形修剪的目的

1. 控制树冠，培养骨干　在整形的基础上，调整树冠各部分的枝叶疏密、分布方向和叶面积系数，使树冠的有效光合面积达到最大限度。合理的树形有矮化树体的作用，合理的枝条搭配可避免结果部位外移、偏冠等，达到立体结果的目的，也利于栽培管理，如喷施农药、果实采收等。栽植后，如果不对果树进行整形修剪，任其生长，光照条件不好，导致结果少、产量低、品质差。桃树为喜光树种，光照是影响李光桃果实质量的重要因素。光照条件好，则桃果实颜色鲜亮，含糖量高，香味浓，品质佳。因此，在生产中要着重做好果实着色期间的夏季管理工作。

2. 调节树体生长与结果的关系　在桃树生长期，有可能出现营养生长过旺、产量低和营养生长太弱、结果过多的情况，这两种情况都不能高产和优质。解决这个矛盾的办法就是通过修剪使得生长与结果达到基本协调一致，使营养生长正常而不过旺徒长，适量成花、结实而不削弱树势，同时可防止果树提前衰老，及时更新复壮。

3. 调节枝类组成比例　短枝生长期短，消耗少而积累早，但叶少，光合总量低；营养枝生长期长，消耗多，但后期积累也多。不同的树种、树龄要求有相应的、适当的枝类比例，才能使年生长周期中树体内营养物质的运转、分配和消耗、积累，按正常的生长、生殖节奏协调进行，通过修剪，可以达到这一目的。有效利用桃树幼树营养生长占主导地位枝条直立的特性，通过拉枝、摘心、扭梢等方式，缓和树势，增加枝量，快速形成丰产树形，提早进入丰产期。

4. 平衡树势　修剪还可平衡群体植株之间和同一植株上各主枝之间的生长势，从而达到产量均衡，便于管理。此外，修剪也是使地上部与根系协调生长的手段。

5. 防止树体衰老，延长经济寿命 桃树花芽形成容易，坐果率高，通过修剪可减少发生桃流胶病和各种生理性病害，达到延长桃的经济寿命。

二、整形修剪的原则

（一）因树修剪、随枝造形

因树修剪、随枝造形是果树整形修剪的总原则。因树修剪就是要从桃树的整体来考虑，即桃树的品种、树龄以及树势等整体因素，从整体着眼来确定最为合适的修剪方法，使局部修剪措施发挥应有的效果。而随枝造形意思就是按照桃树局部长势、枝量、枝类等因素来进行分析，对局部的整形修剪。简单来说就是整体和局部相结合，在桃树整形时尽可能使树体达到树形的结构要求，但在具体操作时，要根据树相，随树就势，因势利导，诱导成形，决不能不考虑树体具体情况，不顾后果，一味地机械造形。

（二）有形不死，无形不乱

有形不死，无形不乱的意思是要根据桃树树形的实际情况来灵活处理，不能生搬硬套修剪理论，死扣那些尺寸。另外一定要使树冠符合桃树的树体结构基本要求，不能够主从不明，枝条紊乱，而导致桃树郁闭。其实质是桃树修剪既要遵循一定的原则，又要灵活掌握，不拘泥于形式。要达到高产、优质、高效，就必须根据树体的生长发育特性采用合理的树形。

（三）统筹兼顾，长远规划

幼树期的整形修剪对于能否实现早期丰产、优质高效、延长盛果期等有重要影响。幼树期修剪要做到轻剪长放，快速成形，在长好树冠的前提下，尽早进入结果期。在盛果初期适当轻剪多留枝，不仅有利于长树，扩大树冠，而且还可以缓和树势，提早结果，实现早期丰产。盛果期修剪也要做到生长、结果两平衡，在多结果的同时维持一定的生长量，延缓衰老，延长结果年限。

（四）以轻为主，轻重结合

修剪时以轻剪为主，即尽可能减少修剪量，减轻修剪对桃树的整体抑制作用。而轻重结合就是在全树轻剪为主，增加总生长量的基础上，对某些局部则根据整形和结果的需要，进行重剪的控制，形成丰产的树形结构。对幼树采用轻剪长放可以缓和树势，提早结果，实现早期丰产；对衰老树要采用回缩更新，利用背上和斜背上结果枝，延长结果年限。现代桃树的发展趋势是简化修剪技术，以提高劳动生产率。简化修剪的主要途径包括控制树高和树冠大小，利用矮化砧和短枝型品种，减少主枝和层次以简化树形等。在劳力不足的条件下，倾向于采用独立主干形或小冠形群体结构，以便机械操作。中国人力资源和传统经验都较丰富，修剪技术的改进则以谋求合理的树冠结构，充分利用自然资源和果树生产潜力为前提。

（五）均衡树势，主从分明

保持主枝延长枝的生长优势，主枝的角度要比侧枝小，生长势比侧枝强。如果骨干枝之间长势不平衡，就不能充分利用空间，产量低，要采取多种手段，抑强扶弱，达到各骨干枝均衡生长的目的。主枝弯曲延伸生长，大型结果枝组或侧枝斜生，中小枝组插空。主枝（侧枝）上结果枝组分布呈枣核形，即“两头小，中间大”。结果枝以斜生或平生为好，幼树上可留背下枝，背上枝坚决疏除。

（六）周年调控，注重在生长期修剪

李光桃除了冬季修剪外，应主要在生长期进行多次修剪，及时剪除过密及徒长枝条。因桃树有早熟芽，易发生副梢，如不及时修剪，会导致树冠内枝量过大，树冠郁闭，通风透光不良。因此应灵活运用抹芽、摘心、疏枝、拉枝、回缩等修剪手法，重点疏除过密枝、徒长枝和多头枝，减少营养浪费，提高光合效率。密植的桃树，单位土地面积的株数增加，但单位土地面积的枝量与稀植树要相同，枝量合理，枝枝见光，只有这样才能保证有健壮的结果枝。骨干枝是结果枝的载体，骨干枝过多，必然导致结果枝少，产量低。因此，在较密植的桃园中，要适当减少骨干枝的数量。打开光

路，强调光照在桃产量和品质中的作用，让所有枝、叶和果实均匀着光。

三、整形修剪的依据

（一）品种特性

桃树品种不同，生长结果习性相对有差异，如在萌芽力、成枝力、分枝角度、成花难易、坐果率高低等方面都不尽相同。对于树姿开张、长势弱的品种，整形修剪应注意抬高主枝的角度；树姿直立、长势强旺的品种，则应注意开张角度，缓和树势。同类枝条、剪截部位相似的，修剪并不都能取得相同的效果。这是由于不同的树种、品种具有不同的萌芽和成枝习性。通常成枝力强的品种比萌芽率高的品种生长旺、成花晚。不同树种、品种的结果习性也不一样。

（二）树龄和生长势

修剪对枝、叶、果等器官生长发育的调节作用与顶端优势的变化有关。由于根系制造细胞分裂素的输向与重力的方向相反，枝条越直立、芽的部位越高，其所得细胞分裂素愈多，于是细胞分裂愈快，生长就愈旺。而顶端芽下部各芽的萌发和生长则被抑制。枝条一经剪截，顶端优势就转移至剪口芽，其下各芽的生长势依次减弱，甚至不能萌发成为隐芽，从而改变了原来的萌芽率和成枝力，使枝类比例和营养枝长势也会发生变化。不同年龄期的桃树对整形修剪的要求是不一样的，采取的修剪方法也不一样，生长结果的表现也不相同。幼树期和初结果期树体生长旺盛，修剪时枝条的处理要以轻剪长放为主，缓和其生长势。盛果期修剪的主要任务是保持健壮的树势，以延长盛果期的年限为目的。结果后期生长势会逐渐减弱，应缩小主枝开张角度，并多进行短截和回缩，以增强枝条的生长势以恢复树势。

（三）修剪反应

枝条上各节芽的发育状况和质量是不同的，称为芽的异质性。一般芽的质量与它所处节上叶片的大小、功能以及芽形成期的早晚、树的整体营养状况和环境因子有密切关系。因此修剪也是利用芽的异质性，通过选择适当的剪口芽来发挥其调节作用。桃树的品种不同，不仅主要结果枝类型不同，而且枝条的长短也不同，强弱各异，枝条剪截后会出现不同的修剪反应。以长果枝结果为主的品种，其枝条生长势强，采用重短截后，仍能萌发具有结果能力的枝条。以中短果枝结果为主的品种，则需轻剪，以培养中短枝，才能多结果。

（四）栽培方式

酒泉李光桃栽培中多以陆地栽培为主，宜采用中密度和稀植的方式栽植，生长空间较大，多采用开心形树形，使树冠延伸有充足的空间。

（五）肥水条件

对于土壤肥沃、水分充足管理好的桃园，宜以轻剪为主，辅以适度重剪。

四、修剪特性

李光桃原产我国海拔较高、日照时间长、光照度强的西北地区，在长期的系统发育中形成了一定的规律性，有不同于其他果树的修剪特性。

（一）喜光性强、干性弱

李光桃幼树生长势强，主干明显，但随着树龄增长，分枝增多，自然生长的李光桃中心枝会减弱，逐步消失，枝叶密集，内膛枝迅速衰亡，结果部位外移，产量下降。这些都说明其干性弱，必须有良好的光照、合理的枝条分布，才能正常生长发育，因此李光桃生产上多采用开心树形。

（二）萌芽率高、成枝力强

虽然萌芽率很高，但潜伏芽只有 2～3 个，且寿命短，所以多年生枝下部容易光秃，更新难。幼树的主枝延长头在通常情况下能发出 10 多个长枝，并能萌生二次枝、三次枝，成形快、结果早。其缺点是容易造成树冠过度郁闭，必须适当疏除过密枝，夏季修剪要及时。

（三）顶端优势弱、分枝多、尖削度大，顶端优势不明显

旺枝短截后，顶端萌发的新梢生长量大，但其下部还可萌生多个新梢，有利于结果枝组的培养。但在骨干枝培养时，下部枝条多会明显削弱先端延长头的加粗生长，尖削度大，因而在幼树整形时要控制延长头下竞争枝的长势，保证延长头的健壮生长。及时疏除背上萌生的徒长枝，避免树上长树。

（四）伤锯口不易愈合

通常情况下剪除大枝是为平衡树势，但力求伤口小而平滑，否则剪锯口的木质部容易干枯。对大伤口要及时涂保护剂，以利愈合，防止流胶和病害感染。

五、采用的主要树形

经过长期的实践和筛选，酒泉李光桃大多采用三主枝自然开心形和两主枝自然开心形，在设施内多采用独立主干形等树形。在生产上一般要根据栽植密度、立地条件、管理方式、品种特性等相关因素确定不同的树形。

（一）三主枝自然开心形

三主枝自然开心形具有牢固的骨架、树冠内通风透光，光照充足，相对来说产量高、管理方便。前期产量较低，常采用3～4m、3～5m的株行距为宜。三主枝的方位角各占120°，主枝间距为15～25cm。主枝的角度：第一主枝为40°～50°，第二主枝为50°～60°，第三主枝可以加大到70°，以均衡树势。第一主枝上的第一侧枝距主干距离为50～60cm，其他主枝上的第一侧枝距主干距离为30～50cm，第二侧枝距第一侧枝的距离为30～40cm，第三侧枝距第二侧枝的距离为30cm。其他结果枝组保持均衡为宜。枝组在主侧枝上的分布，应两头稀，中间密，生长均衡，从属分明，排列紧凑，不挤不秃。酒香1号结果枝不宜重短截，宜轻截，截取长度是结果枝长度的1/8～1/5，其成枝力弱。酒育红光1号结果枝宜中截，截取长度为结果枝的1/3。

（二）两主枝自然开心形

两主枝自然开心形也称 Y 形树形。两主枝自然开心形干高 40～50cm，两主枝基本对生，夹角 80°～90°，向两侧延伸，垂直行向或稍倾斜。搭建 Y 形钢结构支架，拉上铁丝，把主枝引绑在铁丝上。冬剪时对选留的主枝进行拉枝，每年轻剪主枝延长头，冬剪时主枝一般剪留 70～80cm，每主枝上留 2～3 个侧枝或枝组，侧枝间距 60～70cm，主枝上直接着生结果枝组，生长季将背上多余枝条疏除，斜生枝别在铁丝下。春季把选留的两个主枝以外的嫩枝和芽全部抹除，促其快速生长，夏季将背上直立旺枝疏除，不培养背上大型枝组，可利用中等枝培养中小型枝组。此树形宜采用 1.5m×4m、2m×5m 的株行距。这种树形生长快、结果早、产量高、光照充足、果实品种好、采收方便，便于机械化操作，修剪省工。为节省成本，也可不用架材，但要按照 Y 形树形要求通过拉枝定向来完成整形。

（三）独立主干形

有中央领导干，在干上直接着生结果枝组，枝组不明显分层，错落排列。主干高 30～40cm。苗木长到 60cm 时摘心，选留生长健壮、东西向延伸、长势相近、距地面 30～40cm 的 2 个新梢作永久性骨架，角度 50°。把摘心后最顶部的第 1 个二次枝作为新梢的中央领导干绑直，向上生长，长到 60cm 时再摘心。总高度 1.2～1.5m，在这个范围内上下每 30～40cm 选择长势好、不重叠、以螺旋状上升的永久性结果枝组 6～8 个。冬季修剪时适当短截，其余枝按结果枝处理。树高宜控制在 2.0～2.5m。

第二节　修　　剪

一、修剪方法

（一）休眠期修剪方法

在桃树的冬季修剪中，主要的方法包括短截、回缩、疏枝等。

1. 短截　即把 1 年生枝剪短，剪去枝上的一部分梢段和芽，使养分集中供应，使剪口芽处于优势，萌发为强壮的分枝。剪口以下留有营养枝可再次延伸者，称为“缩剪”，起更新作用；截口以下不留带头枝者，称为“堵截”，作用在于抑制其生长，常迫使其转为枝组。一般短截愈重，对剪口及其下部的局部刺激愈强，对植株整体乃至根系的抑制愈烈。如幼树修剪过重，常使结果推迟。在幼树整形培养骨干枝时，通过短截利用饱满芽迅速扩大树冠，并促发下部新梢的长势，以培养良好的侧枝和结果枝组。对1年生旺枝的短截主要是培养结果枝组，根据位置需要培养成大、中、小结果枝组，短截的轻重不同，枝组的大小和结构也不同，为防止枝组过大可降低结果枝位置，适当重剪。对1年生结果枝的短截主要是改变枝条的营养分配，减少花芽数量，促进坐果和果实良好的发育。短截按其长度又可分为：

（1）轻短截。只剪去枝条先端的盲节部分，修剪量很轻。桃树枝条经轻短截后，发芽率有所提高，成枝力也有所增强，枝条总生长量大，但所发枝条长势不强，所发新梢多集中在枝条中、上部有饱满芽分布的枝段，下部萌发的多为短枝或叶丛枝。

（2）中短截。在1年生枝的中部短截。剪后萌发的顶端枝条长势强，下部枝条长势弱。

（3）重短截。截去1年生枝的2/3。剪后萌发枝条较强壮，一般用于主、侧枝延长枝头和长果枝修剪。

（4）重截。截去1年生枝的3/4～4/5。剪后萌发枝条生长势强壮，常用于发育枝作延长枝头、长果枝、中果枝的修剪。

（5）留基部2芽剪。就是留芽2～3个。剪后萌发枝条较旺盛，常用于预备枝的修剪。

2. 回缩 即对多年生枝的短截，把大枝和枝组回缩到一定位置，以调节长势、合理利用空间和更新复壮。短截是剪到芽上，回缩则是剪到枝上。剪口枝如果留强旺枝，则剪后生长势强，有利于更新复壮；剪口枝留弱小枝，则生长势减弱，有利于结果，也可以迫使下部隐芽的萌发。

3. 疏枝 疏枝也是桃树冬季修剪中的一个常用方法，疏枝就是将枝条从基部剪除的修剪方法。在桃树的生长中难免会出现一些徒长枝、交叉枝、病虫枝、竞争枝、干枯枝，发现这些枝条要及时剪除。可疏1年生枝，也可疏多年生枝。疏枝主要作用是使枝条分布均匀，合理利用光照和营养，由于减少了母枝的营养面积，并造成一定的伤口，可导致疏枝的上部枝生长势减缓，下部转强。疏枝对整体的影响依疏除枝类、枝量而异。疏除弱枝、过密枝或徒长枝可减少无益消耗，增加有效光合面积而有利于整体营养。但疏除过多营养枝，则会减少养分积累，削弱根系和树势。一般是疏除徒长枝、过密枝、重叠枝、交叉枝、竞争枝、病虫枝、干枯枝。在幼树整形时，如骨干枝出现生长不平衡，应该对旺枝多疏以减少叶面积，而对弱枝多留以增加叶面积，逐渐调节平衡。对于初结果树的枝组修剪多是去强留弱、去直立留平斜。对于盛果后期的树则是去弱留强，促使枝组更新复壮。

（1）徒长枝。徒长枝是指那些枝体粗大、节间长、枝长常达1m以上的枝梢。在幼树整形期间，必须及早去除徒长枝，但在骨干枝受到伤害、树冠出现空隙或树体衰老后，则应充分利用徒长枝填补空缺，或培养骨干枝和大型的结果枝组。

（2）交叉枝。交叉枝就是树膛内部交叉重叠的枝条。这些杂乱无用的枝条或枝组应该及早清除。

（3）病虫枝。病虫枝就是被病害或虫害危害的树枝。为避免感染和传播到更多的枝条，致使桃树死亡或产量及果品品质降低造成的严重损失，应及早清除。

（4）竞争枝。顾名思义就是与主枝争夺营养的枝节。竞争枝的保留不利于主枝生长，所以应该及时剪除。

（5）干枯枝。干枯枝也就是坏死的枝节，发现后应该及时清理。

这些枝条对桃树来年的生长及产量都会产生不良的影响，所以我们要在冬剪中及时将这些无用的枝条剪除。这样做不仅可以减少无用枝条对营养的消耗，促进新梢生长，而且还可使枝条分布均匀、合理，改善通风透光条件。另外根据植物的生长特性，疏枝后会对伤口以上部分起到抑制生长作用，对伤口以下部分起到促进生长作用，从而降低结果部位。

4. 缓放 对营养枝不加剪截，任其自然延长，以便利用弱顶芽延伸，逐步减缓、削弱其顶端优势，而提高该枝芽的萌发率，促生短枝，诱导成花。缓放通常与加大枝角相结合，枝向近于水平或斜下生长时效应明显。但对过旺直立的背上枝一般不采用该方法。

（二）生长季修剪方法

李光桃生长快，分枝多，从发芽开始直到 8 月，要采取以下方法及时进行夏季修剪。

1. 抹芽 春季桃树发芽后，当新梢长至 5～6cm 时，抹掉树冠内膛大枝背上的徒长芽、延长枝剪口下的竞争芽、剪锯口处萌发的丛生芽等无用芽。双梢留 1 个角度大的，抹掉角度小的。对骨干枝分枝基部 15cm 内的萌芽及剪锯口的丛生新梢也要及时抹掉，以减少营养消耗、改善内膛光照、减少夏季修剪量、避免冬剪造成的大伤口。

2. 摘心 即对正在生长的新梢摘除其幼嫩部分，以利于下部芽的充实，作用是抑制该枝继续生长，促使养分转向其下部各芽或其邻近部位，利于成花或坐果。桃树本身副梢发生量大，摘心更易造成副梢过多、树冠郁闭，所以桃树栽培中，除幼树整形需要对主、侧枝延长枝进行摘心外，桃树的夏剪一般不提倡新梢摘心。对旺梢摘心可促发二次枝，有利于培养结果枝组。对中等梢摘心有利于下部芽的发育。摘心时间一般在 4—5 月。对于幼旺树，千万不要见头就摘，否则会促发更多的新梢，不利于通风透光。

3. 拿枝、扭梢 拿枝是控制徒长枝、强旺枝的长势，在枝条的中下部进行揉捏的一种手法。在 5—6 月，当直立旺梢长到 25～30cm、半木质化时，用手握住新梢基部 5～10cm 处扭转 180°，使其呈斜生或下垂状态，扭梢要注意用力适度，以防枝条捏断。若扭曲处再冒出旺长枝，可再次进行扭梢。除被选定为延长枝及其副梢不进行扭梢外，其他延长枝的竞争枝、骨干枝的背上枝、内膛枝的徒长枝以及大伤口附近抽生的旺长枝等都可以进行扭梢。扭梢可以控制枝梢旺长，缓和树势，使其转化为充实的结果枝，具有结果与更新的双重效能。

4. 拉枝、吊枝、撑枝 在整个生长季节都可以进行。拉枝是减少修剪量、调整骨干枝角度和方位的最好办法。在幼树整形中为提前结果，常常把前期的辅养枝用作早期结果枝，通过拉、吊、撑的办法达到既可提前结果又不影响骨干枝生长的目的。

5. 疏枝 当新梢长达30cm时，就可根据其生长势、粗度、部位等判断枝条的好坏与性质，选留位置适宜的强壮枝，疏去竞争枝、徒长枝、细弱枝、密生枝、直立枝和下垂枝。果实采收后，疏除一些密集的多年生枝、当年生枝、背上或外围的一些旺枝。

6. 剪梢 落花后对已坐果的果枝，可在幼果上部留1个嫩梢短剪，对开过花而未坐果的中长果枝可留2～4个芽短截，使其当年抽生结果枝。6月以前，主、侧骨干枝上及树冠内部萌发的徒长枝如有空间，可留基部1～2个节位进行超短截，培养小、中型结果枝组；如无空间，应从基部疏除。

二、不同树龄的修剪

（一）幼树整形修剪技术

根据果园的设计密度，按设计的树形和树体结构进行整修工作，基本完成结果枝组的培养。

1. 1年生桃树 第1年选出3个错落的主枝，主枝方向应尽量避开正南。主枝一般根据生长势及芽饱满程度，剪去枝条全长的1/3～1/2，留饱满芽，二次枝一般全部疏除。生长势缓和的品种，剪口芽应留外芽，第2、3芽留两侧芽；直立性强的品种，为了树冠角度开张，第1芽留内侧芽，第2芽留外侧芽，利用“内芽外蹬”开张角度。

2. 2年生桃树 第2年在每个主枝上选出第1侧枝，当主枝延长枝长至50cm左右时摘心，以促生分枝，增加分枝数量。按树形要求选各主枝的第1侧枝进行摘心处理，其余枝条通过拿枝、扭梢或重摘心等培养成中小结果枝组。对直立性强的品种采取留内芽的，应在延长枝长至30～40cm、第2芽长至20cm以上时，疏去内芽生长枝（内芽外蹬）。4—5月对主枝进行拉枝，调整角度。

第3年选第2侧枝。每年对主枝延长枝剪留长度为60～70cm，北部角度稍高。为增加分枝级次，当新梢长至30～40cm时进行摘心，摘心后萌发的二次枝长到30～40cm时继续摘心。生长期用拉枝等方法开张角度，控制旺长，促进早结果。

3. 3年生桃树 3年生树在主、侧枝上要培养一些结果枝组和结果枝。为了快长树和早结果，幼树的夏剪以培养树形和结果枝组为目的，加强肥水管理，注意轻剪多留枝。冬季修剪时，主侧枝延长枝可适当留结果枝，减缓树体外延势头，防止后部枝组衰弱。留果多少应视空间大小、生长势强弱而定。

（二）初果期桃树的修剪技术

初果期一般是栽后3～5年。此期树体大小已达到设计要求，整形工作已经完成，树体长势趋于缓和，产量逐年上升。主要任务是继续培养骨干枝，同时要注重培养结果枝组。

1. 结果枝组的培养与修剪 结果枝组多选用生长旺盛的枝条，经过短截、疏枝，3～4年即可形成。用一般健壮的枝条通过短截，分生2～4个结果枝即形成小型结果枝组。大、中和小型结果枝组都应具有枝组延长枝，并通过改变生长方向，使枝组弯曲向上生长，防止上部过旺，下部瘦弱。

2. 结果枝的修剪 结果枝的修剪一般按照长果枝留6～10节花芽，中果枝留6～8节花芽，短果枝留3～4节花芽短截的方法进行，花束状果枝只疏不截。

3. 主枝延长枝的修剪 选择主枝延长枝，对主枝延长枝进行短截，在延长枝的40～60cm处，如有较好的外梢时，可将外副梢以上的部分剪除，以副梢作延长枝，再将副梢剪留一半或过半。在缺枝部位可将其剪留20～30cm，充分利用空间培养成较好的结果枝组，其余的枝条从基部疏除。

4. 侧枝的修剪　选出的侧枝将其延长枝剪留1/2，疏去竞争枝，控制其长势，上部侧枝延长枝的枝头不能高于或长于主枝延长枝的枝头，始终保持主次关系。

（三）盛果期桃树的修剪技术

1. 结果枝组的修剪　调整枝组之间的密度可以通过疏枝、回缩，使之由密变稀，由弱变强，更新轮换，保持良好的通风和光照。总的要求是错落生长，均匀布局，角度合理，分清主次。

2. 结果枝的修剪　结果枝的修剪要依据栽植密度及品种的结果习性进行修剪，以短截修剪为主。密度较高的以中、短果枝结果为好，结果枝可留得密一些；以中、长果枝结果为主的品种，结果枝可适当稀留。延伸方向和长短要互相错开，最好呈三角形排列。长果枝剪留5～10节，中果枝剪留4～5节，短果枝和花束状果枝只疏不截，按距离保持一定数量。因此在冬季修剪时以轻剪为主，先疏去背上的直立枝以及过密枝，待坐果后根据坐果情况和枝条稀密再进行复剪。对于有空间长放的枝条，还可促发一些中、短果枝，这正是下年的主要结果枝。在夏季修剪中通过剪梢、疏枝技术，多次摘心，促发短枝或去除一些自立小旺枝条。当树势开始转弱时，及时进行回缩，促发壮枝，恢复树势。对于中、长果枝坐果率高的品种，可根据结果枝的长短、粗细进行短截。花芽起始节位低的留短些，反之留长些。

3. 长梢的修剪　主要在以长果枝结果为主的品种上推广。其主要是简化修剪技术，节省修剪用工，树体早果、丰产和稳定，容易保持树体的营养生长和生殖生长的平衡。长梢修剪时，枝条保留密度一般为骨干枝及大型结果枝组上每15～20cm保留1个长结果枝，同侧枝条之间的距离一般在40cm以上，全树保留枝量为传统短截修剪方法的50%～60%。保留的结果枝长度以40～70cm较为合适。短于40cm的中、长枝及长于70cm的徒长性结果枝，在树体枝条数量够用的情况下，原则上一律疏除，但可适当保留一些短果枝和花束状果枝。

4. 主枝的修剪 盛果初期延长枝应以壮枝带头，剪留长度为30cm左右。并利用副梢开张角度，减缓树势。盛果后期不用内枝或直立枝，选用角度小、生长势强的外枝条以抬高角度，或直接回缩枝头。

5. 侧枝的修剪 侧枝的修剪是通过下部衰弱枝疏除或回缩成大型枝组。对有空间生长的外侧枝，用壮枝带头。此期仍需调节主、侧枝的主从关系。夏季修剪应注意控制旺枝，疏去密生枝，改善通风透光条件。调整好生长与结果的关系，应通过单枝更新和双枝更新留足预备枝。单枝更新和双枝更新在同一株上应同时应用。一般而言，幼树宜多采用单枝更新，树势较弱的树宜采用双枝更新。

（1）单枝更新。长果枝适当轻剪长放，待先端结果后，枝条下垂，基部芽位抬高并抽生新枝。第2年修剪时缩至新枝处。这种方法适于花芽着生节位高或后部没有预备枝时采用。

（2）双枝更新。在2年生小枝组上，选定上下2个枝，上部的长果枝留7～8个花芽，用于结果，下部的枝仅留基部3～4个芽短截，以便抽生健壮的结果枝。第2年修剪时，将上部已结果的枝条剪除，下部留2个壮枝，再依上述方法修剪。

6. 徒长性枝修剪 当徒长性枝长至20cm左右长时，留5～6片叶摘心，促发分枝。对二次枝连续摘心，可形成良好结果枝。未及时摘心的，夏季5—6月，可通过剪留2～3个优良分枝培养成结果枝组。未采取任何夏剪措施的徒长枝冬剪时，疏除先端旺枝、无花枝，留2～3个优质果枝。

（四）衰老期桃树的修剪技术

衰老期桃树冬季修剪其主要任务是回缩，更新骨干枝。利用内膛萌发的徒长枝培养结果枝组或利用适当部位的大型枝组代替已衰弱的骨干枝，对结果枝组要进行回缩，短截更新，修剪时要尽量保留内膛和下部发生的徒长枝，把徒长枝当骨干枝使用，尽可能多留预备枝。在生长期，当徒长枝长至40～50cm时剪梢或摘心，促使副梢萌发，然后将角度、方位比较合适的副梢培养成延长枝，再将其培养成结果枝组，以填补空缺部位。夏季加重骨干枝的缩剪力度，促使抽生结果枝和新生枝，依照树势可以缩剪到 2～4 年生部位，但要注意保持主侧枝间的从属关系，经过交替更新，以延长衰老年限，维持经济效益，待产值低时，可以选择淘汰旧园，重新选择优良品种建园。

李光桃病虫害防治

近年来，随着林果产业的快速发展，李光桃、杏等自然地域优势明显的甘肃省特色林果业得到长足发展，栽培面积不断扩大，呈现规模化栽培的态势。

随着桃、杏等等大量苗木从山东、河北、河南、陕西等地广泛调引，桃、杏病虫害的发生面积也逐年扩大，桃小食心虫、梨小食心虫、朝鲜球坚蚧、李始叶螨、红蜘蛛、苹果蠹蛾等危害程度不断加强，危害种类越来越多，桃流胶病、细菌性穿孔病、疫病等长期得不到防治，一些生理性病害也发生严重，给桃、杏等生产带来严重损失。

因此了解桃树病虫害发生规律、解决途径、正确识别桃树病虫害，对症下药，科学用药，才能有效地控制桃树病虫害的发生危害，减少生产损失，提高产品品质，满足桃园安全生产的需要。本章搜集整理了甘肃省桃园主要发生的桃流胶病等 10 种病害和桃蚜等 18 种桃树虫害的分布与危害、发生规律、传播途径和综合防治措施，针对酒泉栽培历史悠久的酒泉李光桃系列病虫害发生情况与防治经验进行了总结，以期指导广大桃农生产。

第一节　主要病害及防治

一、桃细菌性穿孔病

（一）危害症状

主要危害叶片，也可危害新梢和果实。该病发生普遍，严重时可引起早期落叶和落果，影响树势，发病严重导致枝梢枯死。甘肃各地均有发生，河西地区主要在外地引进的油桃品种上发病严重，山毛桃发病较轻，李光桃整体感病较轻。

发病初期叶片上出现半透明水渍状小斑点，斑点扩大后为圆形或不规则形、直径1～5mm的褐色病斑，边缘有黄绿色晕环，病斑逐渐干枯，周边形成裂缝，仅有一小部分与叶片相连，脱落后形成穿孔。新梢受害时，初呈圆形或椭圆形病斑，后凹陷龟裂，严重时新梢枯死。被害果实初为褐色水渍状小圆斑，以后扩大为暗褐色稍凹陷的斑块，空气潮湿时产生黄色黏液，干燥时病部发生裂痕。

（二）病原

病菌为甘蓝黑腐黄单胞菌桃穿孔致病型，属细菌界变形菌门黄单胞属。

（三）发病规律

病原细菌主要在病枝上越冬，翌年春天桃树展叶抽梢时，病菌从病组织中溢出，通过风、雨水或昆虫传播，经叶片气孔、枝梢芽痕和果实皮孔侵入，在降雨频繁和温暖阴湿的气候条件下发病严重，干旱少雨时发病轻。树势弱、排水和通风不良的桃园发病重，虫害严重，如红蜘蛛危害猖獗时，发病重。进行初侵染潜育期7～14d。春季溃疡斑是主要初侵染来源，该病一般6月开始发病，7—8月发病较重。

（四）防治方法

1. 加强桃园综合管理，增强树势，提高抗病能力　园址切忌建在地下水位高的地方或低洼处。同时要合理整形修剪，改善通风透光条件。冬夏修剪时，及时剪除病枝，清扫落叶，集中烧毁。

2. 药剂防治　每千克石硫合剂原液兑水8千克，芽膨大前期喷施，杀灭越冬病菌。展叶后至发病前喷施10%代森锰锌可湿性粉剂500倍液或硫酸锌石灰液（硫酸锌0.5kg、消石灰2kg、水120kg）1～2次。

二、桃流胶病

桃流胶病是一种世界性病害，在我国各地均有发生。在酒泉地区，山毛桃发病最轻，其次为本地毛桃。在李光桃品种中，紫胭桃、酒香1号发病最轻，小青皮桃发病最重。桃流胶病常造成树体养分消耗，树势衰弱，甚至枯枝死树，严重影响桃树树体生长和果实产量品质，缩短桃树栽培寿命。桃流胶病已成为限制桃产业发展的主要因素之一。

（一）危害症状

此病多发生于桃树枝干，尤以主干和主枝处最易发生，初期病部略膨胀，逐渐溢出半透明的胶质，后加重。其后胶质渐成冻胶状，失水后呈黄褐色，干燥时为黑褐色。严重时树皮开裂，皮层坏死，生长衰弱，叶色黄，果小味苦，甚至枝干枯死。桃流胶病有伤口流胶和皮孔流胶两种类型。伤口流胶最明显的部位是修剪后的剪锯口，无色透明胶体从韧皮部下溢出，后与空气接触变为红褐色，发病严重时剪锯口附近组织坏死。皮孔流胶症状表现为发病初期，皮孔附近出现水渍状的病斑，树皮凹陷，呈暗红褐色，随后微隆起。发病严重时斑破裂溢出无色透明柔软的胶体，在空气中氧化并凝结干燥后变成红褐色，皮层和木质部变褐坏死，皮层下充满黏稠胶液。雨季发病重，随着流胶点和胶体数量的增加，树势逐渐衰弱，严重时造成树体死亡。

（二）病原

桃流胶病包括侵染性流胶病和非侵染性流胶病。侵染性流胶病是由葡萄座腔菌属真菌引起的侵染性病害。非侵染性流胶病致病原因很多，如土壤黏重、渍水、日灼、冻害等不良环境条件，机械损伤、修剪、虫害等造成的伤口，修剪过重、结果过多、树冠郁闭、偏施氮肥、除草剂施用过多等管理措施不当，都可能引起桃树流胶。

（三）侵染循环

葡萄座腔菌属真菌是一类广泛分布的病原菌，病原菌以菌丝体潜伏在被害枝条中，产生分生孢子器，从而为病害发生提供侵染源。分生孢子器在生长季和休眠季都能产生，春季随着气温和湿度的上升，在桃树萌芽生长后，分生孢子通过风雨传播，特别是雨天从病部溢出大量病菌，顺枝干流下或溅附在新梢或枝干上，从皮孔、伤口和侧芽侵染。潜伏病菌的活动与温度有关，当气温在16℃左右时，病部即可流出胶体，随气温上升病情逐渐加重。

（四）发病规律

危害时，病菌孢子借风雨传播，从伤口和芽侵入，一年两次发病高峰。非侵染性病害发生流胶后，容易感染侵染性病害，尤其在雨后，树体迅速衰弱。凡是阻碍桃树正常生长的因素都可能产生流胶。树体生长衰弱，抗病性降低，易发生流胶，机械损伤、剪锯口、雹害、冻害、日灼以及重修剪也能引起流胶。另外，排水不良、灌溉不当、土壤黏重、土壤盐碱化也能引起流胶。砧木与品种的亲和性不良，杏砧接桃更容易发生流胶。

（五）防治方法

1. 加强管理 加强土肥水管理，改善土壤理化性质，提高土壤肥力，增强树体抵抗能力；冬季清园，剪除发病严重的枝梢和清除修剪下来的枝条，刮除流胶硬块及其下部的腐烂皮层，集中烧毁，消灭菌源。

2. 涂白 落叶后树干、大枝涂白，防止日灼、冻害，兼杀菌治虫。涂白剂配制方法：生石灰12kg，食盐2～25kg，大豆汁0.5kg，水36kg。

3. 药剂防治 每千克石硫合剂原液兑水8千克，萌芽前喷，杀灭越冬后的病菌；5—6月喷65%代森锰锌可湿性粉剂500倍液，间隔15d喷1次；在侵染性流胶病的发病高峰期，可在每次高峰期前喷施70%代森锰锌可湿性粉剂等药剂，每隔7～10d喷1次，连喷3～4次，也可以施用多菌灵等农药，每2周使用1次也可有效防治该病。

三、桃实腐病

（一）发生与危害

桃实腐病又称桃实烂顶病、腐败病，为常见病害，主要危害桃果，影响桃产量和质量。发病时桃果实自顶部开始表现为褐色，并伴有水渍状，后迅速扩展，边缘变为褐色。感病部位的果肉变为黑色，且变软，有发酵味。感染初期病果看不到菌丝，后期果实常失水干缩形成僵果，表面布满浓密的灰白色菌丝。

（二）病原

病原为扁桃拟茎点菌，属半知菌亚门真菌。主要危害桃树、板栗，与茄子、番茄等蔬菜果实腐烂病原菌为同一病原。

（三）发生规律

病原以分生孢子器僵果或落果中越冬。春天产生分生孢子借风雨传播，侵染果实。果实近成熟时，病情加重。桃园密闭不透风、树势弱，发病严重。

（四）防治措施

1. 农业防治　增施有机肥料；注意桃园通风透光，控制树体负载量；捡除园内病僵果及落地果，集中深埋或烧毁。

2. 化学防治　发病初期喷洒10%苯醚甲环唑水剂3 000倍液、戊唑醇水乳剂1 500倍液、50%多菌灵可湿性粉剂700～800倍液、70%甲基硫菌灵可湿性粉剂1 000～1 200倍液。每15d用药1次，共用2～3次。

四、桃褐腐病

（一）分布与危害

桃褐腐病又称菌核病、灰腐病，甘肃各地均有发生。发病后能引起大量烂果、落果。受害果实在果园中相互传染危害，而且在贮运期中亦可传染发病，造成损失。以生长后期和贮运期果实发病较多。在酒泉市主要危害李光桃果实，也可危害花、叶和枝梢。果实染病后，果面开始出现小的褐色斑点，后快速扩大为圆形褐色斑点，果肉呈浅褐色，后整个果实很快腐烂。同时病部表面长出质地密结的串珠状灰褐色或灰白色霉丛，初为环纹状，后快速遍及全果。烂果除少数脱落外，大部分干缩成褐色至黑色僵果，吊挂树枝不脱落。病斑表面产生灰白色或灰褐色绒状霉层，常呈同心轮纹状排列。腐烂果实脱落或失水干缩成僵果悬挂树枝上，呈褐色至黑褐色。

受害花瓣和柱头产生褐色水渍状斑点，后逐渐蔓延到全花。潮湿时，病花迅速腐烂，表生灰色霉层；干燥时，病花干枯萎缩，残留于枝上。染病嫩叶从叶缘开始产生褐色病斑，扩展至叶柄，叶片枯萎。病菌从病花或病叶扩展到花梗或叶柄，再向下蔓延侵入枝条，形成长圆形溃疡斑。病斑边缘紫褐色，中央灰褐色，稍凹陷，常伴有流胶，湿度高时产生灰色霉层。病斑环绕枝条造成上部枝梢枯死。嫩叶发病常自叶缘开始，初为暗褐色病斑，并很快扩展至叶柄，叶片发病如霜害，病叶上常具灰色霉层，也不易脱落。枝梢发病多为病花梗、病叶及病果中的菌丝向下蔓延所致，渐形成长圆形溃疡斑，当病斑扩展环绕枝条一周时，枝条即枯死。

（二）病原

病菌无性态为果生丛梗，有性态分别为果生链核盘菌，属真菌界子囊菌门链核盘菌属。

（三）发病特点

病菌主要在僵果和被害枝的病部越冬，翌年产生分生孢子，经风雨和昆虫传播由气孔、皮孔、伤口侵入，进行初侵染。病菌从柱头、蜜腺侵入花器引起花腐，花器和叶片发病后又产生分生孢子，经传播后进行再侵染。病菌从皮孔、虫伤或各种伤口侵入果实引起果腐。贮运过程中，病果上产生分生孢子继续传播、扩散，引起果实腐烂。

（四）防治方法

1. 加强管理　结合冬剪彻底清除树上和树下的病枝、病叶、僵果，集中烧毁；冬季深翻树盘，将病菌埋于地下；搞好夏剪，改善通风透光条件；及时防治椿象、食心虫、桃蛀螟等，减少伤口。

2. 药剂防治 每千克石硫合剂原液兑水 8 千克，芽膨大期喷施；花后 10d 至采收前 20d，喷施 70%代森锰锌 600～800 倍液、70%甲基硫菌灵可湿性粉剂 800 倍液、戊唑醇水乳剂 1 500 倍液、50%多菌灵可湿性粉剂 600～800 倍液、50%硫黄悬浮剂 500 倍液。

五、桃溃疡病

（一）危害症状

病斑出现时，树皮稍隆起，之后明显肿胀，用手指按压稍觉柔软，并有弹性。皮层组织红褐色，有胶体出现，病斑干缩凹陷，整个大枝明显凹陷成条沟，严重削弱树势。

（二）病原

病原菌为群生小穴壳，属真菌界半知菌亚门腔孢纲腔孢目聚生小穴壳菌。病原菌的有性阶段为葡萄座腔菌，多见于枯死的枝干。

（三）发病规律

以菌丝体、子囊壳、分生孢子器在枝干病组织中越冬，翌年春天孢子从伤口枯死部位侵入寄主体内。病斑在早春、初夏扩大。在雨天或浓雾潮湿天气排出孢子传染。衰弱树、高接树容易感染此病。

（四）传播途径

桃溃疡病的病原以厚垣孢子和菌丝体随树上溃疡枝、地面的落叶、烂果上或土壤中越冬。第二年随地面流水、雨水传播，由皮孔、伤口穿透侵入树体，侵害果实、新梢和叶片。树干基部嫁接口、机械伤口、冻伤是病原的主要侵染点。

（五）防治措施

1. 加强管理 多施有机肥，提高树势，增强抗病能力。清扫地面落叶、僵果，集中烧毁，并结合翻耕树盘，消灭越冬菌源。防止冻害和日灼。桃树枝干的向阳面昼夜温差较大，容易遭受冻害，如果阳面没有叶片覆盖，夏季容易因日晒而死皮。防止冻害比较有效的措施，一是树干涂白，降低昼夜温差，二是树干捆草、遮盖防冻。改善树冠通风透光条件，降低果园湿度。在雨后及时排水。

2. 合理负载　适当疏花疏果，做到结果长树两不误。

3. 药剂防治　在桃树萌动期喷施石硫合剂；谢花后 1 周开始喷 70％代森锰锌可湿性粉剂 600 倍液、50％甲基硫菌灵悬浮剂 800 倍液，每隔 15d 喷 1 次，保护果实。

4. 刮树皮　在桃树发芽前刮去翘起的树皮及坏死的组织，然后用每千克石硫合剂原液兑水 10 千克喷施；在秋末早春彻底刮除病组织，然后涂上松焦油原液、辛菌胺醋酸盐等伤口保护剂，最好用塑料薄膜包扎。病斑大时，因为桃树容易流胶，可用锋利的刀片纵向切割成条状，然后用透性较强的药剂，稀释 4～5 倍液，再用薄膜包裹。

六、桃根癌病

（一）危害症状

主要发生于桃树根颈部，主根、侧根也有发生。主要症状是在根及根颈部位形成大小不等的肿瘤，嫁接处较为常见。发病植株表现为地上部生长发育受阻，树势衰弱，叶薄，色黄，严重时死亡。癌瘤通常以根颈和根为轴心，环生和偏生一侧，数目不等。大小相差较大，大的如核桃或更大，小者如豆粒。有时若干瘤形成一个大瘤。初生瘤光洁，多为乳白色，少数微红色。后变为褐色，表面粗糙，凹凸不平，内部坚硬。后期易脱落，有时有腥臭味。患病苗木到晚期后，由于病株的根部对水分和养料吸收差，树势衰弱，落花落果，严重时干枯死亡。在河西地区发病较轻，在肃州区部分李光桃老果园死树根部可见该病。

（二）病原

桃根癌病是由土壤杆菌中的根癌土壤杆菌引起的一种细菌性病害，根癌土壤杆菌的寄主范围极为广泛，除危害桃、樱桃、杏等核果类果树外，还能侵害苹果、梨、木瓜、板栗、核桃等果树，此外还能危害多种常见的林木、花卉，甚至瓜类，给农业生产造成非常大的经济损失。

（三）发病规律

病原细菌存活于癌组织皮层和土壤中，可存活1年以上。病菌从嫁接口、虫伤、机械伤及气孔侵入寄主。传播的主要载体是雨水、灌溉水、地下害虫等，苗木带菌是远距离传播的主要途径。碱性土壤、土壤湿度大、排水不良等有利于侵染和发病。

（四）防治方法

1. 加强苗木检疫检测 对接穗、插条、种子等繁殖材料的检测、管理和控制是预防和控制桃根癌病的重要措施。苗木材料一经发现带菌应立即销毁，防止传播和蔓延。栽种桃树或育苗尽量避免重茬，碱性土壤应适当施用酸性肥料或增施有机肥和绿肥等，以改变土壤环境，使之不利于发病。

2. 苗木消毒 仔细检查，先去除病苗、劣苗，然后用3%次氯酸钠溶液浸根3分钟，或1%硫酸铜溶液浸根5分钟后再放到2%石灰液中浸根2分钟。

3. 病瘤处理 在定植后的桃树上发现有瘤时，先用快刀彻底切除癌瘤，然后用100倍硫酸铜溶液消毒切口，再外涂波尔多液保护。

七、桃白粉病

（一）危害症状

该病主要危害叶片，叶片感病后，叶正面产生失绿性淡黄色小斑，其边缘极不明显，斑上生白色粉状物，斑叶呈波浪状。发病初期叶背出现白色小粉斑，扩展后呈近圆形或不规则形粉斑，白粉斑汇合成大粉斑，布满叶片大部分或整个叶片。夏末秋初时，病叶上常生许多黑色小点粒，病叶常提前干枯脱落。幼苗发病重于大树。病重时叶片正面也有白粉斑。发病后期叶片褪绿，果实皱缩，以幼果较易感病，病斑圆形，被覆密集白粉状物，果形不正。

（二）病原

该病为真菌病害，由2种白粉菌，三指叉丝单囊壳和毡毛单囊壳引起。

（三）发病规律

病菌以寄生状态潜伏于寄生组织或芽内越冬。翌年春天寄生发芽至展叶时，以分生孢子和子囊孢子随气流和风传播形成初侵染，分生孢子在空气中能发芽，一般产生1～3个芽管，立即伸入寄生体内吸取养分，以外寄生形式在寄主体表营寄生生活，并不断产生分生孢子，形成重复侵染。在一般年份桃白粉病以幼苗发生较多且重，大树发病较少，危害较轻。砧木品种感病差异很大，以新疆毛桃抗性最差，发病最重。

（四）防治方法

1. 加强管理　落叶后至发芽前彻底清除果园落叶，集中烧毁；发病初期及时摘除病果并深埋。

2. 药剂防治　每千克石硫合剂原液兑水6～8千克，芽膨大前期喷洒，消灭越冬病原体；发病初期及时喷施50%硫黄悬浮剂500倍液、50%多菌灵可湿性粉剂600～800倍液、70%甲基硫菌灵可湿性粉剂800倍液，均有较好效果。苗圃实生苗，长出4片真叶时开始喷药，每15～20d喷1次。每千克石硫合剂原液兑水60～80千克，生长季喷对该病防治效果较好，但夏季气温高时应停用，以免发生药害。

八、桃炭疽病

（一）危害症状

主要危害果实，也可危害叶片和新梢。幼果指头大时即可感病，初为淡褐色小圆点，后随果实膨大呈圆形或椭圆形，红褐色，中心凹陷。气候潮湿时，在病部长出橘红色小粒点，幼果感病后便停止生长，形成早期落果。气候干燥时，形成僵果残留树上，经冬雪风雨不落。成熟期果实感病，初为淡褐色小病斑，渐扩展成红褐色同心环状，并融合成不规则大斑。病果多数脱落，少数残留在树上。新梢上的病斑呈长椭圆形绿褐色至暗褐色，稍凹陷，病梢叶片呈上卷状，严重时枝梢枯死。叶片病斑圆形或不规则形，淡褐色，边缘清晰，后期病斑为灰褐色。

（二）病原

病菌无性态为胶孢炭疽菌，属真菌界无性菌类炭疽菌属；有性态为小丛壳，属真菌界子囊菌门小丛壳属。

（三）发病特点

病菌主要以菌丝体在病枝和病果上越冬。翌年春季病组织产生分生孢子，随风雨传播，侵染新梢和幼果，进行初侵染。新梢、幼果发病后，产生大量分生孢子，进行再侵染。

（四）发病规律

病菌以菌丝在病枝、病果上越冬。翌年春天借风雨、昆虫传播，形成第 1 次侵染。该病发生与气候条件和栽培管理密切相关。不同品种的抗病性存在差异，甘肃李光桃的几个品种发病较轻。高湿是发病的主导诱因。果实成熟期温暖、多雨以及粗放管理、土壤黏重、排水不良、施氮过多、树冠郁闭的桃园发病严重。

（五）防治方法

1. 桃园选址 可考虑起垄栽植。

2. 加强管理 多施有机肥和磷、钾肥；适时夏剪，改善树体结构，以利通风透光；及时摘除病果，减少病原；冬剪时彻底剪除病枝、僵果，并集中烧毁或深埋。

3. 药剂防治 每千克石硫合剂原液兑水 6 千克，萌芽前喷；花前喷施 70%甲基硫菌灵可湿性粉剂 1 500 倍液、50%多菌灵可湿性粉剂 600～800 倍液，发病初期喷洒 10%苯醚甲环唑水剂 3 000 倍液、戊唑醇水乳剂 1 500 倍液、70%甲基硫菌灵可湿性粉剂 1 000～1 200 倍液。每隔 10～15d 用药 1 次，连喷 3 次。药剂最好交替使用。

九、桃缩叶病

桃缩叶病也是李光桃叶片上的重要病害之一。桃树早春发病后，叶片肿胀皱缩，严重时病叶干枯脱落，影响当年产量和翌年花芽分化，不仅引起减产 10%～20%，而且降低果实品质，削弱树势。该病除危害桃树外，还可侵染杏等近缘果树。

（一）危害症状

该病主要危害叶片，也可危害嫩梢、花及幼果。发病初期叶片卷曲，颜色发红。随着病叶的生长，叶片卷曲皱缩加剧，并增厚变脆，呈红褐色。至初夏，病叶表面生出一层银白色粉状物（子囊层）。最后，病叶变褐、焦枯、脱落。叶片脱落后，腋芽常萌发抽出新叶，新叶不再受害。嫩梢受害后，病梢呈灰绿色或黄色，较正常的枝条节间短而略为粗肿，叶片丛生，严重受害者常枯死。花瓣受害后变肥、变长，幼果受害后畸形，果面龟裂，受害花、果易脱落。

（二）病原

病菌为畸形外囊菌，属真菌界子囊菌门外囊菌属。

（三）发病特点

病原以子囊孢子或厚壁芽孢子在桃芽鳞片、枝干树皮上越冬，翌年春天桃树芽萌发时，病菌由芽管直接穿透或由气孔和皮孔侵入嫩叶。桃缩叶病一般在5月上旬开始发生，5月下旬至6月上旬为发病盛期，7月气温升高，发病渐趋停止。品种间以早熟品种发病较重，李光桃等中、晚熟品种发病较轻。

（四）防控措施

1. 加强果园管理　及时摘除病叶，集中烧毁或深埋，可减少越冬病菌；对于发病重、叶片焦枯和脱落的桃树，及时处理病叶后，应补施肥料和浇水，促使树势尽快恢复。

2. 适时药剂防治　在花芽露红而未展开前及时喷药，可用每千克石硫合剂原液兑水6千克或50%多菌灵可湿性粉剂500倍液，防治病菌初侵染。花谢后及植株上初见病叶时，可喷75%百菌清可湿性粉剂、50%多菌灵可湿性粉剂500倍液防治。

十、桃根结线虫病

（一）危害症状

以寄主植物根部根瘤为特征，初期较小，白色，后呈节结状或鸡爪状。发病植株的根较健康植株的根短，侧根和须根少。感病轻时，地上症状不明显，重者叶片黄，枝叶长势弱。

（二）病原

桃根结线虫病的病原为垫刃线虫目，异皮线虫科，根瘤线虫属，南方根结线虫2号生理小种。雌、雄异形。幼虫不分节，蠕虫状，长0.3～0.4mm。成龄雌虫呈梨形或袋形，无色，大小为（0.5～1.3）mm×（0.3～0.7）mm，可连续产卵2～3个月，停止产卵以后还继续存活一段时间。雄虫体形较粗长，不分节，行动较迟缓，寿命短，仅几周。

（三）发病规律

以卵或二龄幼虫在寄主根部土壤中越冬。翌年二龄幼虫由寄主根部侵入根内，并不断分泌刺激物，使细胞壁溶解，细胞合并，形成根瘤。

（四）防治方法

1. 实行轮作 与禾本科作物连茬一般发病轻。

2. 选择用肥 碳酸氢铵、硫酸铵及未腐熟好的树叶、草肥对线虫生存有促进作用。

3. 选择抗病砧木 甘肃毛桃对南方根结线虫免疫，是良好的砧木。山桃等高抗砧木可在生产上直接利用。此外，桃园覆盖黑色聚乙烯薄膜可减少线虫危害。

第二节 主要虫害及防治

一、桃蚜

（一）分布与危害

桃蚜属半翅目蚜科，别名腻虫、烟蚜、桃赤蚜、油汉。桃蚜是广食性害虫，寄主植物广。冬寄主（原生寄主）植物主要有梨、桃、李等蔷薇科果树，夏寄主（次生寄主）作物主要有白菜、甘蓝、萝卜、甜椒、辣椒、菠菜等。

（二）形态特征

成虫分为有翅及无翅两种类型。有翅胎生雌蚜，体长1.6～2.1mm，头、胸为黑色，腹部有黑褐色斑纹，腹背有黑斑，额瘤显著。

翅无色透明，翅痣灰黄或青黄色。若虫似无翅成虫，体色有绿、黄绿、褐、红褐等色，因寄主而异。无翅胎生雌蚜，体长1.8～2.0mm，头、胸部黑色，腹部绿色、黄绿色或红褐色，体梨形肥大，卵椭圆形或长卵形，长0.5～0.7mm，初为橙黄色，后变成漆黑色而有光泽。散产或数粒在一起，产于枝梢、芽腋、小枝杈及枝条的缝隙等处。

（三）发生规律

蚜虫在河西走廊桃园1年发生8～10代，卵在桃树枝条间隙及芽腋中越冬，4月下旬开始孤雌胎生繁殖，新梢展叶后开始危害。有些在盛花期时危害花器，刺吸子房，影响坐果。繁殖几代后，于6月开始产生有翅成虫，7—8月飞迁至第二寄主，如萝卜等作物上，到10月再次飞回桃树上产卵越冬，并有一部分成虫或若虫在上述寄主中越冬。桃蚜对白色和黄色有趋光性，桃园设置黄色粘虫板诱集效果明显。

（四）防治方法

1. 农业防治　合理整形修剪，加强土肥水管理，清除枯枝落叶，将被害树梢剪除并集中烧毁。在桃树行间或果园附近不宜种植烟草、白菜等，以减少蚜虫的夏季繁殖场所。桃园内种植大蒜可相应减轻蚜虫的危害。

2. 生物防治　蚜虫的天敌很多，如瓢虫、食蚜蝇、草蛉、蜘蛛等，对蚜虫有很强的抑制作用，应尽量避免在天敌多时喷药。

3. 大蒜液治蚜虫　用大蒜1kg捣碎加水1kg，充分搅拌，然后再加水50kg，喷洒防治效果好。

4. 化学防治　萌芽期和发生期喷10%吡虫啉可湿性粉剂4 000倍液、1.8%阿维菌素乳油1 000倍液。喷药需及时、细致、周到，不漏树、不漏枝，1次即可控制，也可用0.3%苦参碱水剂800～1 000倍液、10%烟碱乳油800～1 000倍液喷施。

二、桃粉蚜

（一）危害症状

以成虫或若虫群集叶背吸食汁液，也有群集于嫩梢先端危害的。粉蚜危害时，叶背布满白粉能诱发霉病。桃蚜危害的嫩叶皱缩扭曲，被害树当年枝梢生长和果实发育受影响。危害严重时，影响翌年开花结果。

（二）形态特征

有翅成虫体长 2mm 左右，宽 1mm，体长椭圆形或卵形，头、胸部黑色，腹部橙绿色至黄褐色，被覆白粉，腹管短筒形，触角黑色，第 3 节上有圆形次生感觉圈数十个。无翅成虫略大于有翅成虫，体长为 2mm，体长椭圆形，体色为绿色，被覆白粉，腹管细圆筒形，尾片长圆锥形，上有长曲毛 5～6 根，复眼红色。其最大特点是体表被有蜡状白粉，区别于其他蚜虫。若虫淡黄绿色，体上白粉较少。卵椭圆形，初产时黄绿色，近孵化时变黑色，有光泽。

（三）生活习性

1 年发生 13～17 代左右，属全周期乔迁式，主要以卵在桃、李、杏、梅等枝条的芽腋和树皮裂缝处越冬。翌年当桃、杏芽苞膨大时，越冬卵开始孵化，以无翅胎生雌蚜不断进行繁殖。5 月中下旬桃树上虫口激增，危害最重，并开始产生有翅胎生雌虫，迁飞到第二寄主危害。晚秋又产生有翅蚜，迁回第一寄主，继续危害一段时间后，产生两性蚜，性蚜交尾产卵越冬。桃粉蚜扩大危害，主要靠无翅蚜爬行或借风吹扩散。

（四）防治措施

1. 物理防治　悬挂银灰色塑料薄膜驱避或采用黄板诱杀有翅蚜。

2. 生物防治　保护和利用天敌，如瓢虫、草蛉、食蚜蝇等。

3. 化学防治　越冬卵量较多时可在萌芽前用 5%柴油乳剂喷雾，杀灭越冬卵；萌芽至开花前在若蚜集中于新梢、新叶危害时，选择 10%吡虫啉可湿性粉剂 2 000～3 000 倍液、3%吡虫清乳油 2 000～3 000 倍液、1.8%阿维菌素乳油 2 500～3 000 倍液喷雾，交替使用，且施药时要周到细致；发生盛期，用吡虫啉 10%可湿性粉剂 4 000 倍液，也可采用 95%机油乳剂 100 倍液、0.65%茼蒿素水剂 600 倍液喷洒，喷药时要适当增加喷水量。

三、桃瘤蚜

（一）危害症状

桃瘤蚜对嫩叶、老叶均可危害，被害叶的叶缘向背面纵卷，卷曲处组织增厚，凹凸不平，初为淡绿色，渐变为紫红色。严重时全叶卷曲。

（二）形态特征

有翅成虫体长 1.8mm，淡黄褐色。无翅成虫体较肥大，体长 2.1mm，深绿色或黄褐色，长椭圆形，颈部黑色。若虫与无翅成虫相似，体较小，淡绿色，长椭圆形，黑色有光泽。

（三）发生规律

1 年发生 10 代左右，世代重叠。以卵在桃树枝条、芽腋处越冬，翌年寄主发芽后孵化为干母，群集在叶背面取食危害。5—7 月是桃瘤蚜的繁殖、危害盛期，此时产生有翅胎生雌蚜迁飞到艾草等菊科植物上危害，晚秋 10 月又迁回到桃树上，产生有性蚜，交尾产卵越冬。天敌种群数量对桃瘤蚜的发生有较大影响，自然天敌主要有龟纹瓢虫、七星瓢虫、中华大草蛉、大草蛉等多种捕食性和寄生性天敌。

（四）防治措施

1. 农业防治　合理整形修剪，加强土肥水管理，清除枯枝落叶，将被害树梢剪除并集中烧毁。在桃树行间或果园附近不宜种植白菜等蔬菜，以减少蚜虫的夏季繁殖场所。

2. 生物防治　蚜虫的天敌很多，如瓢虫、食蚜蝇、草蛉、蜘蛛等，对蚜虫有很强的抑制作用，应尽量避免在天敌多时喷药。

3. 大蒜液治蚜虫　用大蒜 1kg 捣碎加水 1kg，充分搅拌，然后再加水 50kg，喷洒防治效果好。

4. 化学防治　萌芽期和发生期，喷 10%吡虫啉可湿性粉剂 4 000～5 000 倍液、1.8%阿维菌素乳油 1 000 倍液。喷药需及时、细致、周到，不漏树、不漏枝，1 次即可控制。也可用 0.3%苦参碱水剂 800～1 000 倍液、10%烟碱乳油 800～1 000 倍液喷施。

四、山楂叶螨

(一) 分布与危害

山楂叶螨属蜱螨亚纲真螨目叶螨科，别名山楂红蜘蛛。主要寄主有苹果、梨、桃、李、杏、山楂、海棠、樱桃等。全国各地广泛分布，河西地区老桃园发生严重。

(二) 危害症状

山楂红蜘蛛常群集叶背危害，并吐丝拉网（雌虫）。早春出蛰后，雌虫集中在内膛危害，形成局部受害现象，以后渐向外围扩散。被害叶面出现失绿斑点，后逐渐扩大成红褐色斑块，严重时叶片焦枯脱落，影响树势和花芽分化。

(三) 形态特征

1. 成螨 雌成螨体长0.45～0.50mm，宽0.30mm。体形为椭圆形，背部隆起，越冬雌虫鲜红色、有光泽，夏季雌虫深红色、背面两侧有黑色斑纹，卵球形，淡红色或黄白色。前体部与后体部交界处最宽，体背前方隆起。身体背面共有26根刚毛，分成6排，刚毛细长，基部无瘤。足黄白色，比体短。雌螨分冬、夏两型，冬型体色鲜红，略有光泽，夏型初蜕皮实体色红，取食后变为暗红色。雄成螨体长0.40mm，宽0.25mm，身体末端尖削。初蜕皮时为浅黄色，逐渐变为绿色及橙黄色，体背两侧有黑绿色斑纹条。

2. 卵 圆球形，橙红色，后期产的卵颜色浅淡，为橙黄色或黄白色。

3. 幼螨 有足3对，体圆形，黄白色，取食后变为淡绿色。

4. 若螨 有足4对，前期若螨体背开始出现刚毛，两侧有明显的墨绿色斑纹，并开始吐丝。

(四) 发生规律

山楂红蜘蛛以雌虫在枝干树皮的裂缝中及靠近树干基部的土块缝里越冬。每年发生代数因各地气候而异，一般4～5代。当平均气温达到8～10℃时即出蛰，此时正值桃芽露出绿顶。出蛰约40d开始产卵，7—8月繁殖最快，8—10月产生越冬成虫。

（五）防治方法

1. 农业防治　清洁果园，清除杂草，果园秋耕；秋季主干涂白，涂白剂可加硫黄或杀螨剂；秋末出现越冬雌螨时以及早春越冬雌螨出蛰前，在果树主干上涂虫胶，粘住越冬螨；秋季在树干基部缠绑草把，次年早春取下烧毁。

2. 药剂防治　每千克石硫合剂原液兑水6～10千克发芽前喷洒。发生时喷1.8%阿维菌素乳油5 000倍液或0.3%苦参碱水剂800～1 000倍液，药剂要交替使用。越冬雌螨出蛰盛期，一代幼螨孵化时进行第一次喷药，把叶螨消灭在产卵之前，这是控制叶螨全年危害的关键；中后期防治可选用1.8%阿维菌素乳油4 000～5 000倍液、73%炔螨特乳油3 000倍液、20%甲氰菊酯乳油3 000～4 000倍液喷雾。麦收前天敌大量迁入果园时，要尽量避免喷药，螨口密度较大及天敌又较少时，必须喷药，且要选用对天敌无害或毒害性较小的农药。

五、二斑叶螨

（一）分布与危害

二斑叶螨属蜱螨亚纲真螨目叶螨科，别名为棉红蜘蛛。二斑叶螨从20世纪90年代开始成为危害果树的新害螨种类，在全国都有分布，严重威胁果树生产，也是世界性的重要害螨，寄主包括果树、蔬菜、花卉、大田农作物和杂草等，在甘肃老桃园发生严重。

（二）危害症状

以幼螨、成螨群集在叶背取食和繁殖。严重时叶片呈灰色，二斑叶螨有明显的结网习性，特别在数量多时，丝网可覆盖叶的后部或在叶柄与枝条间拉网，叶螨在网上产卵、穿行。

1. 形态特征　雌成螨呈椭圆形，体长0.5～0.6cm，体色变化较大，主要有浅绿色、浅黄色、橙红色等，体背两侧各有一个“山”字形褐斑。雄成螨体长0.3～0.5mm，呈菱形，尾端尖，浅绿色或黄绿色，活动较敏捷。卵圆球形，初为无色透明，后变为红黄色。幼螨半球形，淡黄色。若螨椭圆形，黄绿色、浅绿色或深绿色。

2. 发生规律 平均1年发生5代，雌成螨越冬，翌年4月中旬出蛰，至5月上旬结束，历时1个月。5月中旬出现淡绿色个体并开始产卵，6月底至7月初为螨量剧增期，7月中旬至8月下旬为猖獗发生危害期，8月底开始越冬。

（三）危害特点

二斑叶螨的寄主范围广、食性杂，果园内所有杂草几乎都可寄生，如羊角草、苋菜、稗草、狗尾草、苦苣菜、车前等。园内套种的棉花、玉米、高粱、蚕豆、马铃薯、番茄、菜豆、茄子、辣椒、菊芋等都是二斑叶螨的寄主，另外，苹果、杏、李、枣、山楂、葡萄、核桃、沙枣、野蔷薇等也是二斑叶螨的寄主。

二斑叶螨的繁殖速度快、抗药性强，在30℃以上6～7d即完成1代，平均每只雌螨产卵100粒。遇持续高温干旱天气，螨量急剧上升。阿拉尔市郊区香梨上的二斑叶螨，用甲氰菊酯、炔螨特等防治均不能达到理想的防治效果。有机磷类药剂和拟除虫菊酯类药剂也不理想，防治效果最高不超过50%，因此危害严重。

二斑叶螨的隐蔽性强，成、幼螨多集中在寄主幼嫩部分刺吸汁液，尤其是尚未展开的芽、叶和花器。被害叶片增厚僵直，变小变窄，叶背呈黄褐色或灰褐色，带油渍状或油质状光泽，叶缘向背面卷曲。幼茎变黄褐色或灰褐色，花蕾扭曲畸形，受害重的则不能开花。二斑叶螨主要在叶片背面吸取汁液，造成叶背发黑，叶片正面出现大量褪绿小点，严重时整叶发黄，造成落叶，二斑叶螨还群集在果实凹洼处群集危害，被害处出现黑斑，影响果实色泽，口感变差，品级降低。

（四）防治措施

1. 抓好地面防治，把害螨消灭在上树前 根据二斑叶螨越冬后翌年春天都要爬到地面杂草和果树根蘖上危害然后再上树的规律，秋冬季落叶后刮除树干粗老翘皮，连同枯枝落叶清理出果园集中烧毁；秋冬土壤耕翻和冬灌；4月底前全面除草1遍并剪除果树根蘖，铲除地面寄主；药肥涂干，把害螨消灭在上树途中。在9月下旬进行树干绑草，诱集下树害螨在此越冬。于冬季至春季出蛰前，解除绑草集中烧毁，消灭越冬成螨，减少春季越冬害螨基数。

2. 农业防治　加强土肥水管理，增强树势，合理修剪，改善风光条件，合理负载。

3. 化学防治与生物防治结合进行综合防治　用1.8%阿维菌素乳油4 000～5 000倍液、73%炔螨特乳油3 000倍液、20%甲氰菊酯乳油3 000～4 000倍液喷雾。

六、李始叶螨

（一）分布与危害

李始叶螨别名苹果黄蜘蛛，属叶螨科，分布于甘肃兰州及河西地区，酒泉各县市区均有分布。寄主植物有苹果、梨、海棠、桃、杏、核桃、葡萄、杨、柳、沙枣、枣等。以成、幼、若螨吮吸萌发芽、嫩梢及叶片汁液危害，使花芽不能开绽，嫩梢萎蔫。叶片初期呈淡黄色斑点，后渐呈棕黄色，严重时芽、叶枯焦早落，影响光合作用和营养物质的积累。果实皱缩瘦小，易落果，严重影响单株产量、单果重及翌年产量。

（二）形态特征

1. 成螨　雌螨长椭圆形，体长0.4mm，冬型杏黄色，取食后为黄绿色，体背两侧有褐色斑块，秋后陆续消失。背毛细长，刚毛状，共26根，不着生在疣突上。雄螨略呈菱形，黄绿至淡黄色，体长0.3mm。背毛特点同雌螨。

2. 卵　圆形，透明无色，渐变为淡黄至橙黄色。

3. 幼螨　近圆形，淡黄色，3对足。

4. 若螨　长椭圆形，黄绿色，体背两侧有淡褐色斑34块，足4对。

（三）生活习性

以成螨在树干或侧枝缝隙翘皮、落叶和根际的土缝中越冬，死亡率较高。酒泉地区1年发生6～9代，当高温低湿时，其繁殖特别快，发生量高于山楂叶螨和苜蓿苔螨。除第1代虫态较整齐外，以后世代重叠。4月初成螨出蛰上树，在敦煌4月中、下旬成螨出蛰，与黄元帅、青香蕉苹果花芽膨大期相近，集中危害萌发芽，并在芽苞内、叶背主叶脉两侧产卵，受害叶片沿叶脉处由绿变为干枯的黄白色，后期为黄褐色，似火烧状，并大量脱落。成螨早春有向树上、秋末向树下爬行习性。全年虫口密度有2个高峰期，即6月底和7月中、下旬。越冬成螨于9月中、下旬下树到越冬场所越冬。李始叶螨重要天敌有深点食螨瓢虫、丽草蛉、中华草蛉、银川盲走螨、西方盲走螨等。

（四）防治方法

1. 人工防治 越冬前，在主干、大枝上包扎诱虫带。早春刮除老树皮，清除树干周围的落叶、杂草及修剪下的枝条，烧毁，消灭越冬雌螨。

2. 保护利用天敌 如深点食螨瓢虫等。

3. 生长期防治 每千克石硫合剂原液兑水6～8千克发芽前喷洒。发生时喷1.8%阿维菌素乳油5 000倍液、0.3%苦参碱水剂800～1 000倍液、10%浏阳霉素乳油1 000倍液，药剂要交替使用。越冬雌螨出蛰盛期，一代幼螨孵化时进行第一次喷药，把叶螨消灭在产卵之前，这是控制叶螨全年危害的关键。中后期防治可选用1.8%阿维菌素乳油4 000～5 000倍液或73%炔螨特乳油3 000倍液。

七、苹果卷叶蛾

（一）分布与危害

苹果卷叶蛾别名小黄卷叶蛾、黄斑卷叶蛾、黄斑长翅卷蛾。国内分布广泛，幼虫危害桃、李、杏、山荆子、海棠、苹果等。

（二）形态特征

成虫长8～9mm，黄褐色。前翅自前缘向后缘有2条深褐色斜纹，内侧斜纹上半部窄，下半部宽，后翅黄褐色。卵扁椭圆形。越冬型卵白色，后变淡黄，孵化前为红色。夏型卵淡绿色，次日变为黄绿色，孵化前深黄色幼虫淡绿色，长14～15mm，老熟幼虫呈红褐色。蛹体长9～11mm，初为绿色，后为黄褐色。

（三）危害症状

幼虫吐丝缀叶，潜居其中危害，使叶片枯黄，破烂不堪。并将叶片缀贴到果上，啃食果皮和果肉，把果皮啃成小凹坑。

（四）发生规律

每年发生2～3代，以幼虫在剪锯口、老树皮缝隙内结白色小茧越冬，翌年桃树发芽时幼虫开始出蛰，蛀食嫩芽。以后吐丝将叶片连缀，并可转叶危害，幼虫非常活泼。幼虫老熟后，在卷叶内或缀叶间化蛹。成虫夜晚活动，有趋光性，对糖醋液趋性很强。

（五）防治方法

1. 农业防治　桃树休眠期彻底刮除树体粗皮和剪锯口周围死皮，消灭越冬幼虫。发现有吐丝缀叶者，及时剪除虫梢，消灭正在危害的幼虫。

2. 物理防治　树冠内挂糖醋液诱集成虫，其配方为：糖5份，酒5份，醋20份，水80份。有条件的桃园可设置黑光灯，诱灭成虫。

3. 生物防治　在卵期可释放赤眼蜂，幼虫期释放甲腹茧蜂进行防治。

4. 化学防治　越冬幼虫出蛰期及第一代卵孵化盛期是喷药的关键时期，可在春天树体发芽前用每千克石硫合剂原液兑水6～8千克进行树体喷雾。第一代幼虫盛发期般在4月下旬至5月上旬，用5%高效氯氰菊酯乳油1 000～2 000倍液喷施。

八、桃小食心虫

（一）分布与危害

桃小食心虫俗称桃小、桃蛀果蛾，属鳞翅目蛀果蛾科，是我国北方果树生产中危害最大、发生最普遍的食心虫类害虫，在酒泉各市区县桃园也发生最为严重。其寄主植物分属于蔷薇科和鼠李科，前者包括苹果、梨、桃、山楂、沙果、海棠、杏、李、木瓜，后者包括枣、酸枣。桃小食心虫以幼虫蛀食果肉，直至果核，使果实畸形，并在孔道和果核周围残留大量虫粪，严重影响果品的产量和质量。幼虫仅危害果实，果面上针状大小的蛀果孔呈黑褐色凹点，四周呈浓绿色，外溢出泪珠状果胶，干涸呈白色蜡质膜，此症状为该虫早期危害的识别特征。幼虫蛀入果实内后，在果皮下纵横蛀食果肉，随虫龄增大，有向果心蛀食的趋向，前期蛀果的幼虫在皮下潜食果肉，使果面凹陷不平，形成畸形果，即所谓的“猴头果”。幼虫发育后期，食量增大，在果肉纵横潜食，排粪于其中，造成所谓的“豆沙馅”。

（二）形态特征

1. 成虫 体长6～8mm，翅展14～16mm，全体灰褐色。前翅近前缘中央处有1块近似三角形的蓝黑色大斑。翅基部及中央部分具有7簇黄褐色或蓝褐色的斜立鳞片。雌雄虫颇有差异，雄虫触角每节腹面两侧具有纤毛，雌虫触角无此纤毛。雄虫下唇须短，稍向上翘，雌虫下唇须长而直，略呈三角形。后翅灰色，纤毛长且呈浅灰色，复眼红褐色。

2. 幼虫 老龄幼虫体长10～15mm，全体桃红色。头部黄褐色，颅侧区有深色云状斑纹。前胸盾黄褐至深褐色，颜色比头壳深，前胸气门前方毛片上具毛2根。第八腹节气门大而靠近背中线。臀板黄褐色，无臀栉。腹足趾钩排成单序环，趾钩数10～24个，臀足趾钩数9～14个。5龄以前幼虫的体色通常为污白色，气管明显，末端伸向背中线。

3. 蛹 体长6～8mm，全体淡黄白色至黄褐色。复眼火黄色或红褐色。体壁光滑无刺。翅、足及触角端部不紧贴蛹体而游离。后足至少超过第五腹节后缘，并超出翅端很多。

4. 茧 冬茧扁圆形，长5～6mm，宽2～3mm，由幼虫吐丝缀合土粒做成，质地十分紧密。夏茧为纺锤形的“蛹化茧”，长8～10mm，宽3～5mm，质地疏松，端留有羽化孔。

5. 卵 淡红色，竖椭圆形或桶形，以底部黏附于果实上。卵壳上具有不规则略呈椭圆形刻纹。卵端部环生 2～3 圈 Y 状刺突。

（三）生活习性

桃小食心虫以末龄幼虫入土结茧滞育越冬，翌年幼虫出土后再结长茧化蛹，成虫羽化后很快交配产卵。桃小食心虫的发生与桃树的物候期形成高度的同步，幼虫出土是桃小食心虫防治的关键时期，因此在防治上要结合药效持续时间选择适当的药剂及时控制。影响桃小食心虫出土历期的环境因子除了空气温湿度外，土壤含水量也是影响桃小食心虫出土的重要因素，因此在测报和防治中，土壤含水量也是重要的指标。

（四）防治方法

防治桃小食心虫应坚持树上防治和树下防治相结合、人工防治和生物防治相结合、化学防治和物理防治相结合，减少农药用量和次数，降低农药残留。

1. 农业防治　根据幼虫脱果后大部分潜伏于树冠下土中的特点，成虫羽化前可在树冠下地面覆盖地膜，以阻止成虫羽化后飞出。在第一代幼虫脱果前，对全园进行盘查，及时摘除虫果，并集中带出果园外深埋，该项人工措施可减轻第二代幼虫的危害。

2. 生物防治　在桃小食心虫成虫发生期，将性诱器固定在塑料碗或塑料盆等容器的上方，下面装上加入少量洗衣粉的水，然后将其放置在树体外围距地面高 1m 的地方。

3. 物理防治

（1）封闭地面物理阻隔防治。5 月初，在浇水后进行松土、除草、整理树盘的基础上，用厚 0.08mm 的黑色地膜铺于树盘上，或者用 5%高效氯氰菊酯均匀喷洒地面后，再用地膜铺于树盘上，可将虫封闭于地下，切断树上与树下的联系，使其不能上树产卵，不仅可以防治桃小食心虫，还可以起到除草保墒的作用。

（2）套袋防治。套袋防治是防治桃小食心虫最有效的方法，可最大限度降低农药残留，进而生产无公害果品。5 月下旬至 6 月初，在桃小食心虫未产卵之前，将全园的果实进行套袋处理避免果实着卵，套袋时选用纸袋。

(3) 灯诱防治。在桃树害虫无公害防治中，灯诱可能成为重要防治手段。

4. 化学防治

(1) 地面防治。在果园中设置桃小食心虫性诱剂诱捕器，当连续 3d 均能诱到雄蛾时，即可进行第 1 次地面施药，在危害严重的果园，在第 1 次施药后 20d 可再施 1 次药。可用的药剂种类有 5% 高效氯氰菊酯 1 000 倍液喷施、15%毒死蜱颗粒剂 2kg 或 50%辛硫磷乳油 500 倍液与细土 15～25kg 充分混合整平，均匀地撒在树干下的地面，用手耙将药土与土壤混合、整平。毒死蜱使用 1 次即可。

(2) 树上防治。经过 2 次地面药剂处理后，田间发蛾量将会有效降低。树上防治可用的药剂有 10%高效氯氰菊酯乳油 3 000～4 000 倍液、4.5%高效菊酯乳油 1 500～2 000 倍液、48%毒死蜱乳油 1 500～2 000 倍液。对卵及幼虫防治效果较好的药剂有 30% 桃小灵乳油 1 500～2 000 倍液、25%灭幼脲悬浮剂 1 500 倍液、48%毒死蜱乳油 200～300 倍液、1.8%阿维菌素乳油 300 倍液，以上药剂交替使用效果更佳。第 1 次喷药后，严重受害果园应每 10～15d 喷 1 次药，连续防治 4 次，将桃小食心虫幼虫杀灭在蛀果之前，注意不能漏喷。

九、天幕毛虫

(一) 分布与危害

天幕毛虫属鳞翅目枯叶蛾科，又称黄褐天幕毛虫、天幕枯叶蛾、带枯叶蛾，危害苹果、梨、桃、李、杏等，各地均有发生。幼虫食嫩芽、新叶及叶片，吐丝结网张幕，幼龄幼虫群居天幕上。幼虫老熟后分散活动。随着虫龄的增长，食量也逐渐加大，发生严重时，树叶被食殆尽。

(二) 形态特征

1. 成虫　雌雄个体有显著差异。雄蛾长约 16mm，翅展约 30mm，体黄褐色，前翅中部有 2 条深褐色横线，两横线中间色泽稍深，形成1宽带，触角双栉齿状。雌蛾体长约20mm，翅展约40mm，虫身体为黑色，前翅中部有两条深褐色横线，两横线中间为深褐色宽带，宽带外侧有1黄褐色镶边，其外缘有褐色和白色缘毛相间，触角为锯齿状。

2. 卵　圆筒形，灰白色，高约1.3mm，直径0.3mm，约200粒卵围绕枝梢密集成1个卵环，状似顶针，过冬后为深灰色。

3. 幼虫　共5龄，老熟幼虫体长50～55mm。头部暗黑色，生有很多淡褐色细毛，散布着黑点。背线黄白色，身体两侧各有橙黄色纹2条，各节背面有黑色瘤数个，上生许多黄白色长毛。腹面暗灰色，气门上、下线均为黄白色，体褐色。初孵幼虫身体为黑色。

4. 蛹　蛹长17～20mm，黄褐色。

5. 茧　茧为黄白色。

（三）发生规律

1. 成虫　于夜间活动，有趋光性。成虫产卵于小枝上，卵粒环绕枝梢，排成"顶针"状的卵环。

2. 幼虫　出壳后的幼虫先在卵块附近的嫩叶上危害。幼虫在小枝分叉处吐丝结网，随着幼虫的生长，天幕范围也逐渐扩大。幼虫多在暖和的晴天活动取食，阴雨天则潜伏在天幕上不活动。近老熟幼虫逐渐离开天幕开始分散活动。虫龄愈大，食量增，易暴食成灾。幼虫老熟后于叶片背面或梨树附近杂草上结茧化蛹，茧黄色，较厚。

（四）防治方法

1. 农业防治　冬季修剪时，注意剪掉小枝上的卵块。春季幼虫在树上结的网幕容易发现，可在幼虫分散以前及时捕杀。

2. 物理防治　利用天幕毛虫成虫具有趋光性的特点，采用高压杀虫灯、黑光灯或普通电灯等诱杀成蛾。以射线处理天幕毛虫的蛹，使其不育，然后散放不育成虫，降低天幕毛虫的繁殖率。

3. 化学防治　幼虫发生时，可用2.5%溴氰菊酯5 000倍液、5%灭幼脲悬浮剂5 000倍液、5%高效氯氰菊酯乳油3 000倍液进行喷施防治。在果树密集、地形复杂的地区可用烟剂杀害虫，1～3

龄时防治效果最好。

十、苹果蠹蛾

苹果蠹蛾别名苹果小卷蛾，卷蛾科，在甘肃广泛分布。寄主植物有苹果、沙果、梨、桃、杏等。苹果蠹蛾幼虫蛀果，降低果品质量。幼虫蛀入苹果取食几天后，钻蛀到果心，在果面留下红色环状虫孔，孔内往往塞有干虫粪，幼虫蛀食果肉，也取食果仁，蛀孔外有褐色虫粪排出，此后幼虫开始脱果，有时幼虫经三次脱皮后，还转而蛀食两果相靠处或同一结果枝组上的其他果实。受害果实常大量早落。特别是沙果受害严重，此虫被列为外检及国内植物检疫对象。

（一）形态特征

1. 成虫 体长 8mm，翅展 19～20mm。全体灰褐色带紫色光泽，雄虫色深，雄虫色淡。头部具有发达的灰白色鳞片丛。前翅臀角处深褐色椭圆形大斑，内有 3 条表铜色条纹，其间显出 5 条褐色横纹。翅基部分浅褐色，翅中部色浅，布有斜行的波状纹。后翅深褐色，基部色淡。

2. 卵 长径 1～1.3mm，椭圆形，极扁平，半透明。

3. 幼虫 末龄体长 18mm 左右。初孵幼虫白色，随虫龄增加，渐变为浅粉红色，毛片暗色。头部黄褐色，两侧有褐色斑纹，前胸背板褐色，肛上板苍白色，无臀栉，腹足趾钩为单序缺环。

4. 蛹 长 8～10mm，黄褐色至深褐色。腹部第 2～7 节背面各有 2 横列刺突，8～10 腹节背面仅 1 列刺突。

（二）生活习性

此虫在酒泉地区一年发生 1～2 代，老熟幼虫在树干翘皮下、裂缝、树洞内或堆果场地的土块下、贮果库以及果箱、果筐缝隙内做茧越冬。翌年 4 月中下旬越冬幼虫开始化蛹，蛹期最长 39d，最短 19d，平均 29d。5 月中下旬成虫羽化。白天潜伏在叶片背面、树干背阴处，夜晚出来活动，交尾、产卵。每头雌虫产卵 40 粒以上，最多可产 120 粒。卵产于果实表面和靠近果实的叶片上，聚产最多13粒，散产1～3粒，卵期5～24d。5月下旬至6月上旬初孵幼虫，寻找适宜部位后蛀果，先蛀入果皮下危害，再向果心蛀食果肉及种子。幼虫在果内经过3次脱皮后开始转果危害，1头幼虫可转移危害1～3个果实，被害果实易落果，在蛀果孔外常堆积大量褐色虫粪，并有丝粘连成串，不易脱落。第1代幼虫在果内发育历期一般30d左右，于6月下旬至7月上旬老熟幼虫从蛀果孔附近咬1个较大的脱果孔脱出，钻入树干裂缝中结茧化蛹，也有较少的幼虫在果实内作茧化蛹，蛹期9～16d，平均11d，于7月上、中旬成虫羽化，即交尾产卵，卵期5～10d，7月中、下旬孵化的幼虫仍蛀果，相续危害，到8月中、下旬脱果，做茧越冬。成虫有趋光性。

幼虫蛀果通常从花萼和两果相靠处果面蛀入。第1代幼虫老熟后有滞育习性，当外界温度条件适宜其生长发育时，可羽化和产卵。孵化的幼虫仍蛀果，果实采收时未脱果，而随果带入果壳，幼虫老熟后脱果爬入墙角缝隙处结茧越冬，也有部分幼虫越夏、越冬，到第2年夏季羽化成虫产卵因树冠部位不同而有差异，一般树冠下部少，中部和顶部多。幼虫危害程度与桃树品种有关，一般早熟品种受害较重，晚熟品种如李光桃受害较轻。

（三）防治方法

1. 加强检疫　严禁苹果蠹蛾幼虫或蛹随蛀果和果箱等运出疫区，传入其他地区。

2. 人工防治　在果树落叶后至发芽前，填补树洞，刮除树干翘皮，清除越冬虫源。在果树生长季节，幼果发育期结合疏果，除去虫果，及时收拾落地虫果集中深埋。7月上旬在树干束草，诱集脱果幼虫，11—12月清除草环，集中烧毁。

3. 药剂防治　第1代幼虫孵化期是5月下旬至6月上旬，第2代是7月中下旬，用5%高效氯氰菊酯乳油4 500～5 000倍液、2.5%高效氯氟氰菊酯4 500～5 500倍液，在幼虫孵化高峰期，任选一种农药喷2～3次。

4. 利用性引诱剂诱杀

5. 灯光诱杀　在成虫羽化期，用黑光灯诱杀。

十一、桃蛀螟

（一）分布与危害

桃蛀螟属鳞翅目螟蛾科，又称桃蛀野螟、豹纹斑螟、桃蠹螟、桃斑螟、豹纹蛾、桃斑蛀螟等，幼虫俗称蛀心虫。桃蛀螟在全国各地均有分布，桃蛀螟的寄主植物有100余种，除幼虫蛀食桃、李、杏、梨、枣、苹果、无花果、梅、樱桃、石榴、葡萄、山楂、柿、核桃、板栗、柑橘、荔枝、龙眼、脐橙、柚、甜橙、枇杷、芒果、香蕉、菠萝、柚、银杏、木瓜等果树外，还危害玉米、高粱、向日葵、大豆、棉花、扁豆、甘蔗、蓖麻、姜科植物等作物及松、杉、桧柏和臭椿等林木，是一种食性极杂的害虫。

（二）形态特征

1. 成虫 体长约12mm，全体鲜黄色，前后翅、胸部及腹部有黑色斑点。前翅散生25～30个黑斑，后翅14～15个黑斑。腹部第1节和第3～6节背面各有3个黑点。雄蛾尾端有1丛黑毛，雌蛾不明显。下唇须两侧黑色，前胸两侧的被毛上有1个小黑点，体背及翅的正面散生大小不等的黑色斑点，腹部背面与侧面有成排的黑斑。

2. 卵 椭圆形，长0.5～0.6mm，宽约0.3mm，初产时乳白色，渐变为红色，表面具密而细小的圆形刺点，卵面满布网状花纹。

3. 幼虫 老熟幼虫体长16～18mm，体背多暗红色，也有淡褐、浅灰等色，腹面多为淡绿色，头暗褐色，前胸背板黑褐色。各体节具明显的黑褐色毛片，背面毛片较大，腹部第1～8节各节气门上具有6个，呈两横列，前排4个椭圆形，中间2个较大，后排2个长方形，腹足趾钩为三序缺环。3龄后，雄性幼虫第5腹节有2个暗褐色性腺。

4. 蛹 长12～19mm，纺锤形，初化蛹时淡黄绿色，后变深褐色，腹部末端有细长卷曲沟刺6根，淡褐色，尾端有臀刺6根，外被灰白色薄茧。

（三）危害症状

幼虫危害桃果实，卵产于两果之间或果叶连接处，幼虫易从果实肩部或两果连接处进入果实，并有转果习性。蛀孔处常分泌黄色透明胶汁，并排泄粪便黏在蛀孔周围。

（四）发生规律

第1代成虫发生在7月下旬至8月上旬。第1代幼虫主要危害桃，第2代幼虫多危害晚熟桃、向日葵、玉米等。成虫白天静伏于树冠内膛或叶背，夜间活动。成虫对黑光灯有强烈趋性，对糖醋液也有趋性。

（五）防治方法

1. 农业防治　冬季或早春及时处理向日葵、玉米等秸秆，并刮除桃树老翘皮，清除越冬茧。生长季及时摘除被害果，集中处理，秋季采果前在树干上绑草把诱集越冬幼虫集中杀灭。

2. 物理防治　利用黑光灯、糖醋液诱杀成虫。

3. 生物防治　用性诱剂诱杀成虫。

4. 化学防治　在各成虫羽化产卵期喷药1～2次。交替使用10%高效氯氰菊酯乳油2 000倍液和1.8%阿维菌素乳油3 000倍液。

十二、朝鲜球坚蚧

（一）分布与危害

朝鲜球坚蚧别名为桃球坚蚧、桃球蜡蚧、日本球坚蚧，属同翅目蜡蚧科。主要寄主有桃、李、杏、苹果、樱桃、梨、海棠、山楂等。

（二）形态特征

雌成虫没有真正的介壳，其背面体壁膨大硬化，称为“伪介壳”。成熟期的雌成虫近乎球形或馒头形，直径3.5～5.0mm，体宽3.0～4.0mm。伪介壳初期质软，呈黄褐色，后期硬化，呈红褐色至紫褐色，表面有较浅的皱纹。初期表面有极薄的蜡粉，蚧体三角板上方背中央到后半部两侧有纵行较大的凹下刻点，排列较整齐，其他部位有浅的凹刻。雄体长 1.5～2.0mm，翅展 5.5mm。头胸赤褐，腹部黄褐色，触角丝状10 节，生黄白短毛。前翅发达白色半透明，后翅特化为平衡棒，性刺基部两侧各具 1 条白色长丝。卵椭圆形，附有白蜡粉，初白色渐变粉红。初孵若虫长椭圆形，扁平，淡褐至粉红色被白粉，茧长椭圆形灰白半透明，扁平背面略拱，有 2 条纵沟及数条横脊，末端有 1 条横缝。

（三）发生规律

每年发生 1 代，以 2 龄若虫在危害枝条原固着处越冬，越冬若虫多包于白色蜡堆里。翌年萌芽后在原处继续危害。越冬后的若虫由密集部向稀疏部枝段移动，虫体纵向均匀分布于枝背侧。4 月中下旬，气温在 7～10℃及以上开始发育，4 月底至 5 月上旬分化为雌雄虫。5 月中下旬，气温达到 13～15℃以上时雄虫羽化出成虫，即交尾，交尾后雄虫死亡，此时雌虫体背膨大成球形，并渐硬化。蚧体从膨大初到产卵前体背不断分泌出白色球状黏液。5 月下旬气温在 15℃左右时，交尾后的雌虫产卵于腹面的卵室内，每头雌虫产卵 1 000～1 500 头，卵期 15d 左右。翌年 4 月底越冬若虫开始活动危害，5 月上旬虫体开始膨大，5 月下旬雄性分化。雌虫体迅速膨大，雄虫体外覆一层蜡质，并在蜡壳内化蛹。9 月若虫体背形成一层污白色蜡壳，进入越冬状态。桃球坚蚧的重要天敌是黑缘红瓢虫，雌成虫被取食后，体背一侧具有圆孔，只剩空壳。

（四）防治方法

桃球坚蚧身披蜡质，并有坚硬的介壳，必须抓住 2 个关键时期喷药，即越冬若虫活动期和卵孵化盛期喷药。

1. 铲除越冬若虫　早春芽萌动前，用每千克石硫合剂原液兑水 6～8 千克，均匀喷布枝干，也可用 95％机油乳剂 50 倍液混加 5％高效氯氰菊酯乳油 1 500 倍液喷布枝干，均能取得良好的防治效果。6 月下旬观察到卵进入孵化盛期时，全树喷布 5％高效氯氰菊酯乳油 2 000 倍液、20％氰戊菊酯乳油 3 000 倍液。

2. 人工防治和利用天敌　在群体量不大或已错过防治适期，且受害又特别严重的情况下，在春季雌成虫产卵以前，采用人工刮除的方法防治，并注意保护利用黑缘红瓢虫等天敌。

十三、大青叶蝉

（一）分布与危害

甘肃全省普遍发生，寄主植物有柳、榆、刺槐、沙枣、桧柏、苹果、梨、沙果、桃、杏等多种林木以及豆类、蔬菜、棉花、禾本科农作物。若虫、成虫均可刺吸植物幼嫩枝、叶的汁液，被害植物失绿，引起早期落叶。成虫于秋末飞迁到林木、果树幼树的枝干上产卵，造成大量伤口，危害严重时，枝干遍体鳞伤，尤其对幼龄树木越冬极为不利，再经冬春干旱或大风，使苗木、幼树大量失水，导致枝干枯死，同时由于树木受到损伤，易导致其他病虫发生。

（二）形态特征

成虫体长雌虫 9～10mm，雄虫 7～8mm。头橙黄色，突出呈三角形，头顶两单眼之间有 1 对黑褐斑，复眼绿色，呈三角形。前胸背板广，黄色，有绿色三角形大斑。前翅绿色，端部透明，翅脉青黄色，后翅灰黑色，半透明。腹部背面灰黑色，节间有黄色环纹，足橙黄色。卵长约 2mm，长椭圆形，稍弯，表面光滑，初产淡黄色，后渐变为无色透明，接近孵化时能看到红色眼点，若虫初孵化时乳白色，复眼红色，渐变为淡黄色，胸、腹背中间及两侧有 4 条灰褐色纵纹直达腹端，5 龄若虫体长 6.5～7.0mm，灰绿色。

（三）发生规律

每年发生 3 代，卵在树干、枝条皮层内越冬。翌年 4 月孵化，若虫孵化后，到杂草、蔬菜等多种作物上群集危害。5—6 月出现第 1 代成虫，7—8 月出现第 2 代成虫。10 月中旬开始，从蔬菜上向果树上迁移产卵，产卵前先用产卵器刺开树皮，呈月牙状，然后在内产 1 排卵，发生严重时，产卵痕布满树皮，造成遍体鳞伤。成虫趋光性较强，喜栖息于潮湿背风处。若虫受惊后，即斜行或横向向背阴处逃避或四处跳动。在早晨湿度大、温度较低时不活动，午前到黄昏较活跃。取食时常分泌出透明便液。成虫以针状口器刺入植物组织内吮吸养分，受惊时即逃避，或跃足振翅而飞。

（四）防治方法

大青叶蝉发生量大的地区，在成虫期利用成虫趋光性，进行灯光诱杀，并加强果园附近种植蔬菜的虫害防治。成虫产卵越冬之前，在树主枝、主干上涂刷石灰浆，对阻止成虫产卵有一定作用。在成虫产卵期可喷5%高效氯氰菊酯乳油1 500倍液，杀灭产卵成虫。对越冬卵量较大的桃树，特别是幼树，可人工将产于树干的卵块压死。

十四、苹毛金龟子

（一）形态特征

成虫体长8.9～12.5mm，宽5.5～7.5mm。卵圆至长卵圆形，除鞘翅和小盾片外，全体密被黄白色绒毛。头胸部古铜色，有光泽。卵为椭圆形，长1.5mm，初乳白色，后变为米黄色。幼虫体长约15mm，头黄褐色。蛹长卵圆形，长12.5～13.8mm，宽5.5～6.0mm，初黄白色，后变黄褐色。

（二）发生规律

每年发生1代，成虫在土中越冬。翌年春天3月下旬开始出土活动，主要危害花蕾。苹毛金龟子在啃食花器时，有群聚特性，多个聚于1个果枝上危害，有时达10多个。在桃树上5月上中旬危害最重。产卵盛期为5月下旬至6月上旬，卵期20d。幼虫发生盛期为6月底至7月初，化蛹盛期为8月中下旬，羽化盛期为9月中旬。羽化后的成虫不出土，即在土中越冬。成虫具假死性，无趋光性。

（三）防治方法

在成虫发生期，早晨或傍晚人工敲击树干，使成虫落在地上，此时由于温度较低，成虫不易飞，易于集中消灭。

十五、桃潜叶蛾

（一）分布与危害

桃潜叶蛾属鳞翅目潜蛾科，亦称为桃潜蛾、桃线潜蛾、窄翅潜叶蛾。桃潜叶蛾在中国各桃主产区均有分布，尤以北方为多。潜叶蛾寄主植物包括桃、山桃、榆叶梅、李、杏，国外记录的寄主植物包括苹果、山楂、梨、樱桃等蔷薇科植物，成为桃生产上的一种重要害虫。幼虫在叶组织内串食叶肉，形成弯曲的食痕。叶片表皮不破裂，叶面透视，清晰可见，受害叶片枯死脱落，影响正常的光合作用，还造成减产。

（二）形态特征

1. 成虫　体银白色，长 3.0～3.5mm，翅展 5.5～6.5mm。触角丝状，长于体，触角基部鳞毛形成白色“眼罩”；稍带褐色，下唇须短小尖而下垂，头顶具 1 簇白色冠毛。前翅银白色，狭长，具长缘毛，翅端尖细；翅端 1/3 处具有 1 个椭圆形黄褐色斑，翅端缘毛上具有 1 个圆形黑斑，其上侧和下侧常具黑褐色缘毛。

2. 卵　扁圆形，长约 0.4mm，初产时绿色，后逐渐变为乳白色，孵化前变为褐色。

3. 幼虫　体稍扁，念珠形，老熟幼虫淡绿色，体长 6.5mm。节间沟痕明显，头和足褐色，腹足 5 对。

4. 蛹　体长 3.5mm 左右，细长，具浅褐色翅鞘，灰白色，腹部末端有 2 个圆锥形长突起，其顶端各有 2 根毛。

（三）生活习性

桃潜叶蛾在甘肃桃主产区 1 年发生 3～5 代，以冬型成虫在树皮裂缝内及杂草落叶下越冬。越冬代成虫 4 月下旬至 5 月下旬出蛰活动。雌蛾用产卵器（表面具有锯齿的产卵瓣）刺破桃叶的表皮，把卵产在叶肉内。卵散产，每处产 1 粒。产卵在叶背，少数产于叶正面。无论是从叶背或叶正面产卵，均在叶表面形成 1 个有产卵孔的椭圆形或圆形卵包，初产时绿色，后黄褐色。卵多产于中脉附近或接近中脉，通常不产于叶缘。雌虫产卵 20～40 粒，第 1 代卵初见时，桃树叶芽露绿长约 5mm。孵化后的幼虫在叶肉里潜食，初串成弯曲似同心圆状蛀道，由于切断输导，圈内的叶片常枯死脱落成孔洞。随着虫体的生长，潜道通常转向叶缘，可向上或向下沿着叶缘潜食，如果潜到叶的顶部或基部还未完成发育，潜道可折回，与旧潜道平行或方向不定，甚至可穿越主脉。幼虫取食后排出的粪便位于潜道中央而稍偏的位置，常呈线状，褐色，虫粪并不排出虫道。当1片桃叶有多条幼虫潜食时，由于潜道相互交错，切断了叶片的正常输导，造成部分甚至整片叶子的枯死，并导致落叶。桃潜叶蛾具很强的趋光性，黑光灯、白炽灯均可吸引大量的成虫。

（四）防治方法

1. 农业防治 冬季彻底清除落叶，消灭越冬蛹。

2. 化学防治 在成虫发生期喷药防治，可用25%灭幼脲悬浮剂1 000～2 000倍液、20%杀铃脲悬浮剂8 000倍液。喷药应在发生前期进行，危害严重时再喷药效果不好。

十六、桃红颈天牛

（一）分布与危害

桃红颈天牛属鞘翅目天牛科，又名红脖子老牛、钻木虫、铁炮虫，是核果类果树的主要害虫。桃红颈天牛由于危害桃和前胸红色而得名，食性较杂，据统计，寄主有桃、杏、李、樱桃、苹果、梨等。主要危害桃树、樱树、李树、杏树等，该虫主要是以虫蛀食树干，用嚼式口器取食韧皮部、木质部和形成层，蛀成弯曲的孔道，造成皮层脱落，引起流胶，树干中空，削弱树势，叶片变小且枯黄，造成减产，缩短树的寿命，严重者造成枝干枯死，甚至整株树枯死。近年来，该虫在我国桃树栽培区均已造成了危害，特别是盛果期以后的成龄果树受害更为严重。

（二）形态特征

成虫长28～37mm，虫体黑色，颈部棕红色是其主要特点，有光泽。前胸两侧各有1刺突，背面有瘤状突起。卵长椭圆形，乳白色。幼虫体长50mm，白色蛹淡黄白色，羽化前黑色。

（三）危害症状

幼虫专门危害桃树主干或主枝基部皮下的形成层和木质部浅层部分，同一部位可有多个幼虫危害，在危害部位的蛀孔外有大堆虫粪。当树干形成层被钻蛀对环后，整株树可死亡。

（四）发生规律

2～3年发生1代，幼虫在树干蛀道内越冬。成虫在6月间开始羽化，中午多静息在枝干上，交尾后产卵于树干或骨干大枝基部的缝隙中，卵经10d左右孵化成幼虫，在皮下危害，以后逐渐深入韧皮部和木质部。

（五）防治方法

1. 人工捕捉　成虫出现期，利用午间静息的习性人工捕捉，特别在雨后晴天，成虫最多。

2. 成虫诱杀　桃红颈天牛成虫对糖醋有趋性，用糖∶醋∶酒∶水比例为1.0∶0.5∶1.5∶10.0配成诱杀液，装在盆罐中，在果园内每隔30m，距地面1m左右挂1个装有糖醋液的罐头瓶，诱杀成虫。

3. 涂白　成虫产卵前，在主干基部涂白，防止成虫产卵。

4. 化学防治　产卵盛期至幼虫孵化期，在主干上喷施10%高效氯氰菊酯2 000倍液喷施效果较好。

5. 生物防治　天牛有许多捕食天敌和寄生天敌，如啄木鸟、喜鹊等鸟类，应对它们加以保护利用。

十七、梨小食心虫

（一）分布与危害

梨小食心虫简称梨小，别名有东方蛀果蛾、挑折心虫，卷蛾科。甘肃各地均有分布，寄主植物包括杏、桃、梨、李、山楂等。以幼虫蛀食杏、梨、苹果等果实和桃树的新梢。虫果常腐烂，不堪食用，其被害状有“黑膏药”“豆沙馅”之称。被害新梢萎蔫下垂形成折心，影响树木生长。

（二）形态特征

1. 成虫　体长5～6mm，翅展10～15mm。全体灰褐色，无光泽。前翅前缘约有10组白色短斜纹。翅面混杂有白色鳞片，中室外缘附近有1明显小白点。后翅暗褐色，基部色淡，缘毛黄褐色。

2. 卵 淡黄白色，半透明，扁椭圆形，中央隆起。长 0.8mm 左右，后变为黄褐色。

3. 幼虫 末龄幼虫体长 10～13mm。初龄时头、前胸背板黑色，体白色。大幼虫头部黄褐色，两侧有深色云雾状斑纹，前胸背板浅黄褐色不明显，体桃红色，臀板浅褐色，腹部末端臀栉 4～7 刺。腹足趾钩单序环。

4. 蛹 体长 6～7mm，纺锤形，黄褐色，腹部第 3～7 节背面前后缘各有短刺 1 列，第 8～10 节的 1 列刺稍大，腹部末端有 8 根钩刺。茧袋状，丝质，扁平椭圆形，长约 10mm。

（三）生活习性

在甘肃 1 年发生 3 代，老熟幼虫多在树干基部近地面的翘皮裂缝中结茧越冬。在敦煌，越冬代成虫羽化高峰在 4 月下旬，第 1 代成虫羽化高峰在 6 月中旬，第 2 代成虫羽化在 8 月上旬。在杏、桃、梨等果树混种区，第 1 代幼虫危害的杏果脱落，老熟幼虫脱果入土或干杂草中结茧化蛹。在桃树上危害新梢，造成新梢折断。第 2 代幼虫主要危害杏果，虫果不脱落。第 3 代幼虫主要危害梨果。

（四）防治方法

（1）新建果园尽可能避免杏、桃、梨、李、苹果树混栽。已混栽的要加强防治工作。

（2）消灭越冬幼虫。冬季至早春发芽前，对被害树刮除老树皮并集中烧毁，越冬幼虫脱果前，在树干基部束草诱杀。

（3）剪除被害桃梢，在 5—6 月进行，剪下的虫梢集中处理。捡拾第 1 代幼虫危害的落地杏果，及时处理，减少虫源。

（4）利用梨小食心虫性诱剂或黑光灯测报成虫羽化高峰，又可作为诱杀方法，在其高峰期 7 日内对树冠喷药，毒杀成虫及刚孵化未入果的幼虫。

（5）在发蛾高峰期，喷施 10%高效氯氰菊酯 2 000 倍液或 1.8%阿维菌素乳油 3 000 倍液，均有理想的防治效果。

十八、梨大食心虫

（一）分布与危害

梨大食心虫别名梨云翅斑螟、梨斑螟，俗称吊死鬼、黑钻眼，属螟蛾科。寄主植物有梨、苹果、桃等。以幼虫危害花芽和幼果。被害芽蛀空，被害果干缩变黑，悬吊在树枝上，至冬不落，影响果食产量。

（二）形态特征

1. 成虫　体长 10～12mm，翅展 24～26mm。全体暗灰褐色。前翅具有紫色光泽，有明显的 2 条横带将翅分为 3 段，横带由 2 条暗黑线夹 1 条灰白线组成，2 横带间有 1 块黑色斑纹。后翅灰褐色，外缘毛暗灰色。

2. 卵　长 0.93mm，椭圆形，稍扁平。初产时淡黄色，1～2d 后变为红色。

3. 幼虫　老熟幼虫体长 17～20mm，头部和前胸背板为褐色，身体背面为暗红褐色至暗绿色，腹面色稍浅，臀板为深褐色。腹足趾钩为双序环。无臀栉。

4. 蛹　体长约 12mm，初为碧绿色，后变为黄褐色。第 10 节末端有横排小钩刺 6 根。

（三）生活习性

1 年发生 1 代。幼龄幼虫在芽内结茧越冬。翌年 4 月初，梨芽萌动时，开始转芽危害。4 月下旬到 5 月中旬转到花梗基部危害。5 月下旬果实长到拇指大时，即开始转入幼果危害。幼虫在果内危害约 20 天即化蛹。6 月中旬始见化蛹期 8～11d。6 月下旬成虫开始羽化，成虫白天静伏，黄昏时活动。7 月中旬成虫常在萼洼、果台、梗洼、叶柄、果面粗糙处及顶芽上产卵。每头雌虫可产卵 40～80 粒，多的可达 200 余粒。幼虫于 7 月下旬陆续孵化，有的仍蛀果危害，有的危害芽，于 8 月中旬在芽内结茧准备越冬。

（四）防治方法

（1）结合修剪，剪除虫芽。

（2）幼虫危害幼果至成虫羽化之前，摘除虫果并烧毁。

（3）幼虫出蛰转芽期与幼虫转果期，喷洒 10%高效氯氰菊酯乳油 2 000 倍液。

（4）成虫发生期，可设置黑光灯诱杀或应用性引诱剂法。

第八章 李光桃果实采摘、分级、贮运

一、采摘技术

（一）采收时期

根据品种特性、果实成熟度、产销地距离、运输方式等条件，确定采收时间。果实成熟度主要从果实大小、硬度、颜色、风味等方面综合判断。如果在生产地销售，可在果实九成熟或完全成熟时采收；近距离运销，在果实八成熟时采收；远距离运销，则果实七成熟就可以采收。采收应避开阴雨天、露水未干及晴天的中午，宜在天气晴朗的早晨或傍晚采收。采收前半个月果园停止灌水。

常见李光桃品种的采收时期：酒育红光1号属中熟品种，一般在8月20日左右采摘；酒香1号属晚熟品种，一般在9月20—25日采摘；紫胭脆桃属中晚熟品种，一般在9月上旬采摘；大青皮属晚熟品种，一般在9月中旬采摘；小青皮属晚熟品种，一般在9月下旬采摘；麻脆桃属晚熟品种，一般在9月上中旬采摘。

（二）采收方法

李光桃含水量高，出现机械损伤、病虫害、鸟害、药斑后易腐烂，因此一般用人工采收。采收时以整个手掌握住桃，轻用力扭转，顺果枝侧上方摘下。以自下而上、从外向内的顺序逐层采摘。设施栽培的桃因花期不同成熟期也不相同，所以要做到即熟即采。采收过程可佩戴手套，注意轻摘轻放，轻装轻卸，避免碰伤、划伤、刺伤和挤伤，果实不能用力捏。采收容器不宜过大，装量不能过多，以防止压伤，一般采收后放入小筐，筐内部用棉布或其他柔软材料铺垫，每筐不超过 10kg。采收的果实避光、避雨、通风、降温放置，使果实内热量快速散去。采收时可对果实进行预分级，并剔除不合格果。

二、果实品质要求

（一）感官要求

果实发育充分、无异味、无虫、无病、无机械损伤、无病虫斑、无药斑，整齐度良好，果形、大小符合品种特征，色泽符合品种成熟时色泽特征。

常见李光桃成熟时感官特征：酒育红光 1 号平均单果重达到 105g 左右，果实近圆球形，果面全红、有光泽，果顶微呈紫色；酒香 1 号平均单果重 100g 左右，果实近圆球形，果面全红，光滑有光泽，有少量果点；紫胭脆桃平均单果重达到 90g 以上，果实呈圆球形，果面接近一半着紫红色、光滑有光泽时开始采收；大青皮平均单果重达到 100g 以上，果面全绿，光滑有光泽，出现小而均匀的果点；小青皮平均单果重达到 70g 左右，果面全绿，光滑有光泽，出现小而均匀的果点；麻脆桃平均单果重达到 100g 以上，果面由小凸起变为光滑，果面半边着紫色，个别出现裂纹。

（二）可溶性固形物

一般要求可溶性固形物含量≥10%。

（三）安全指标

农药、肥料等有害物质含量应符合国家有关法律法规、行政规章和强制性标准的规定。（参照 GB 2762—2017《食品安全国家标准　食品中污染物限量》和 GB 2763—2019《食品安全国家标准　食品中农药最大残留限量》执行）

三、果实分级

目前我国尚未建立李光桃分级标准，因此主要靠人工依据桃的大小、果形、颜色、硬度、表面机械损伤、药斑、病虫害表现等与内部品质相关性高的外部条件筛选区分出优劣级别。个别地区使用机械按照桃的大小和重量分级，虽然效率高于人工，但无法对果品质量进行区分。现参考 NY/T 586—2002《鲜桃》及 DB32/T 1856—2011《金霞油蟠桃》分级，制定李光桃果实分级方法，供生产者及消费者参考。其中，李光桃品质级别容许度：特级果不符合项的数量不能超过 5%，但这 5%的果实必须达到一级果的要求；一级果不符合项的数量不能超过 10%，但这 10%的果实必须达到二级果的要求；二级果不符合项的数量不能超过 10%，但必须符合品质基本要求。

（一）酒香1号

1. 特级果　果实近圆球形，左右两半部分基本对称，果顶完全闭合，果皮底色黄绿色，着红色面积 70%以上，有光泽，果点较少，平均单果重 120g 以上，可溶性固形物含量≥13%，无机械损伤、病虫、药斑，风味纯正。

2. 一级果　果实近圆球形，左右两半部分较对称，果顶允许有小缺陷，果皮底色黄绿色，着红色面积 60%左右，有光泽，果点较少，平均单果重 100～120g，可溶性固形物含量≥10%，无机械损伤、病虫、药斑，无异味。

3. 二级果　果实大体呈圆球形，左右两半部分可稍不对称，果顶允许有小缺陷，果面约有一半面积着红色，果面有不大于 $1cm^2$ 的缺陷（色泽、光滑度），表面有小凸起，平均单果重 80～100g，可溶性固形物含量≥10%，无明显机械损伤、病虫、药斑，无异味。

（二）酒育红光1号

1. 特级果　果实近圆球形，左右两半部分较对称，果顶完全闭合，果皮底色绿黄色，果面着红色面积 80%左右，有光泽，果点较少，平均单果重 120g 以上，可溶性固形物含量≥12%，无机械损伤、病虫、药斑，风味纯正。

2. 一级果　果实近圆球形，左右两半部分较对称，果顶允许有小缺陷，果皮底色绿黄色，果面着红色面积 70%左右，有光泽，果点较少，平均单果重100～120g，可溶性固形物含量≥10%，无机械损伤、病虫、药斑，无异味。

3. 二级果 果实大体呈圆球形，左右两半部分不完全对称，果顶允许有小缺陷，果面着红色面积50%～70%，果面有不大于1.5cm^{2}的缺陷（色泽、光滑度），平均单果重90g左右，可溶性固形物含量≥10%，有轻微裂果现象，无明显机械损伤、病虫、药斑，无异味。

（三）紫胭脆桃

1. 特级果 果实呈圆球形，果顶完全闭合，果面光滑，果实半面着紫红色，半面绿色，单果重95g以上，可溶性固形物含量≥12%，无机械损伤、病虫、药斑，风味纯正。

2. 一级果 果实大体呈圆球形，果顶允许有小缺陷，果面光滑，果实半面着紫红色，半面绿色，单果重85～95g，可溶性固形物含量≥10%，无机械损伤、病虫、药斑，无异味。

3. 二级果 果实呈圆球形或椭球形，果顶允许有小缺陷，果面有小凸起或凹陷，果面着紫色面积小于30%，果面有不大于0.5cm^{2}的缺陷（色泽、光滑度），单果重75～85g，可溶性固形物含量≥10%，无明显机械损伤、病虫、药斑，无异味。

（四）麻脆桃

1. 特级果 果实呈圆球形，两半部分对称，果顶完全闭合，果面较光滑，果点大而均匀，果面半边着紫红色，半边绿色，平均单果重110g以上，可溶性固形物含量≥13%，无机械损伤、病虫、药斑，风味纯正。

2. 一级果 果实呈圆球形或椭球形，两半部分基本对称，果顶允许有小缺陷，果面较光滑，果点大而均匀，果面半边着紫红色，半边绿色，平均单果重100～110g，可溶性固形物含量≥10%，无机械损伤、病虫、药斑，无异味。

3. 二级果 果实呈椭球形，两半部分不完全对称，果顶允许有小缺陷，果面有小凸起或凹陷，果面着紫色面积小于30%，果面有不大于0.5cm^{2}的缺陷（色泽、光滑度），单果重90～100g，可溶性固形物含量≥10%，有轻微裂果现象，无明显机械损伤、病虫、药斑，无异味。

（五）大青皮

1. 特级果　果实呈圆球形，果面光滑，果顶完全闭合，果点细小均匀，整果呈绿色，平均单果重110g以上，可溶性固形物含量≥13%，无机械损伤、病虫、药斑，风味纯正。

2. 一级果　果实呈圆球形或椭球形，果面光滑，果顶允许有小缺陷，果点细小均匀，整果呈绿色，平均单果重100～110g，可溶性固形物含量≥10%，无机械损伤、病虫、药斑，无异味。

3. 二级果　果实呈圆球形或椭球形，果顶允许有小缺陷，果面有不大于1cm^{2}的缺陷（色泽、光滑度），有个别凸起，平均单果重90～100g，可溶性固形物含量≥10%，无明显机械损伤、病虫、药斑，无异味。

（六）小青皮

1. 特级果　果实呈圆球形，果面光滑，果顶完全闭合，果点细小均匀，整果呈绿色，平均单果重75g以上，可溶性固形物含量≥12%，无机械损伤、病虫、药斑，风味纯正。

2. 一级果　果实呈圆球形或椭球形，果面光滑，果顶允许有小缺陷，果点细小均匀，整果呈绿色，平均单果重65～75g，可溶性固形物含量≥10%，无机械损伤、病虫、药斑，无异味。

3. 二级果　果实大体呈圆球形，果顶允许有小缺陷，果面有不大于0.5cm^{2}的缺陷（色泽、光滑度），表面有部分小凸起，平均单果重55～65g，可溶性固形物含量≥10%，无明显机械损伤、病虫、药斑，无异味。

四、果品包装

（一）包装要求

（1）包装材料重量轻，节约运输成本，大小适中，规格一致，便于搬运堆放。

（2）包装材料坚固耐用，不易变形，内部平整，能较好地保护内装产品。

(3) 包装材料清洁卫生，不含有毒、有害物质，无异味，确保果品不受污染和串味。

(4) 所用材料成本较低，外观简洁美观，生产成本较低。

(5) 包装材料能较好地维持果品质量，保鲜。

(6) 外包装标明产品名称、产地、生产者、净含量、商标、采收日期、“小心轻放”“防晒防雨”等警示内容，字迹清晰、完整、准确。

(7) 同一包装内的李光桃品种、等级、成熟度相同。

(8) 同一包装内硬质桃可多层摆放，软溶质桃及特级桃须分层包装。

(二) 常见包装容器

1. 外包装

(1) 瓦楞纸箱。外包装常用瓦楞纸箱，有以下优点：①可以工业化制造，品质有保证。②本身重量较轻、使用前可折叠平放、占空间小、便于运输。③具有缓冲性、隔热性以及较好的耐压强度，容易印刷，废旧品处理方便等。瓦楞纸箱从结构上分有单瓦楞、双瓦楞和三层瓦楞等几种，可根据李光桃不同品种及成熟度要求加以选用。纸箱的缺点是抗压力较小，贮藏环境湿度大时容易吸潮吸水变形。

(2) 泡沫塑料箱。近年来泡沫塑料箱也常用于李光桃外包装，由聚苯乙烯树脂发泡数十倍制成。不但具有良好隔热性和缓冲性，而且重量轻、成本较低。与材料厚度相同的瓦楞纸箱相比，泡沫塑料箱的隔热性能为常用瓦楞纸箱的 2 倍。

2. 内包装　主要为单果泡沫网套包装。单果包装在一定程度上需要更多的人工和材料，但能够减少磕碰、挤压造成的损伤，减少李光桃果实的机械伤和病菌的传染蔓延，还可起到保湿和一定的气调作用，利于提高果品销售的经济收入。

3. 填充物　除外包装和内包装外，一般还需添加一些填充物，如发泡材料、刨花、稻壳、纸条等，可以吸收摩擦、晃动、颠簸冲击的能量，减轻外力对果品的影响。使用的填充物要符合柔软、干燥、不吸水、无异味、无病虫、无毒害等要求。

五、果品贮藏

（一）低温冷库贮藏

1. 入库准备　贮藏前须对贮藏场地和贮藏箱、架进行彻底的清扫和消毒，常见消毒方法有硫黄粉熏蒸、4%漂白粉溶液喷洒、臭氧发生器消毒、0.5%～0.7%的过氧乙酸溶液喷洒等方式。李光桃果品入库前 2～3d 开始降温，保持在 0℃左右。

2. 预贮、入库　为使李光桃温度接近贮藏温度，降低其呼吸强度，要先进行预贮，温度 5～8℃，时间 3～5d，预贮后及时转入低温冷库，温度（0±0.5）℃。

3. 贮藏条件　贮藏库内温度保持在（0±0.5）℃范围内，相对湿度控制在 85%～95%，气体成分氧气 5%～10%，二氧化碳 5%～10%。贮藏期间要适时通风换气，防止果品呼吸作用产生的二氧化碳、热量聚集。还需定期抽样，检查李光桃硬度、化验糖分含量，确保发现问题能够及时处理。

4. 出库　李光桃如长期在低温下贮藏，风味会逐渐变淡，一般不超过 30d，达到贮藏时间后要及时出库，出库前进行缓慢升温，大致控制在每 2h 升温 1℃，待库温升至与外界温度基本一致时即可出库。

（二）气调库贮藏

气调库贮藏是在低温冷库贮藏的基础上，通过对贮藏环境中氧气、二氧化碳、温度、湿度的协同控制，抑制李光桃的呼吸作用，延缓新陈代谢，达到较好的保鲜效果。操作及贮藏条件同冷库贮藏类似，在出库前停止一切气调设备运转，库门缓慢打开，待库内气体成分与外界相同时可出库。

（三）间歇升温处理

李光桃果实成熟后在树体一般能保存 3～5d，成熟果实采摘后在常温下保存不超过 1 周。贮藏或远销的李光桃应经过预冷，通常在（0±0.5）℃范围贮藏，温度过低果实有发生冷害的危险，最典型的冷害表现是果肉褐变。冷藏时间延长也会引起品质劣变，间歇加温可减轻冷害的发生，还可延长贮藏时间。每隔15d在18～20℃空气中间断加温1～2d，再转入低温冷藏，能达到较长的贮藏期。

六、果品运输

李光桃果品成熟后往往需要从产地到贮藏地或产地到销售地的环节，在运输过程中若管理不善将会造成较大损失，因此需要良好的运输环境条件。

1. 温度 李光桃成熟时期一般在8—9月，气温较高，果实容易腐烂变质，最好能采用低温冷链运输，但目前低温冷链运输成本较高，尚不能普及，因此中、长途运输一般采用在冷库预冷后运输的方式。李光桃运输3d左右时，建议温度为0～7℃，运输5～6d建议温度为0～3℃。如无法采用冷链运输，建议运输时间尽量选择早晨或夜间，防止日晒，减少运输损失。

2. 湿度 部分产品出库后温度较低，如采用纸箱包装，容易吸潮变形，或者下雨天气使纸箱受潮，引发李光桃变质，应考虑运输过程中的防水问题，可采用防水纸箱或者套袋包装果实。

3. 震动晃动 运输过程如产生剧烈颠簸晃动会对李光桃产生机械损伤，引起腐烂变质。因此需根据实际情况选择合理的交通工具及路线，并在李光桃包装、堆码时尽可能稳固，轻装轻卸，减少震动晃动。

第九章

李光桃设施栽培

第一节　设施栽培的主要类型

设施果品生产是设施农业栽培中的一项重要组成部分，是果树栽培学的一个重要分支，是我国科技人员根据本国国情在实践中独创的富具中国特色的果树栽培新技术，它具有投资少、耗能低、见效快、收益高的特点，可以突破季节、气候、地理等诸多因素的制约，利用较为简易的设施条件，延长果品的生产和应市周期，并拓宽栽培区域，在时空上满足市场和人民对新鲜、无污染、高档次的时令性果品的需求。

李光桃设施栽培是选用适宜的品种，在特定的设施（温室或大棚）中，通过人工控制水、气、光、热等环境因子，模拟、创造适宜李光桃生长的环境条件，并采取相应的栽培模式体系，使其原来的年生长周期被打破，建立新的年生长周期，达到人为促早或延迟成熟及利用设施抵御霜冻等不良自然灾害影响的目的。李光桃设施栽培有如下意义：成园快、结果早、见效快、收益高，同时可防止病虫害，降低虫果率，减少打药次数，减少污染，生产新鲜、优质、无公害的高档果品，而且可以将水果的季节性生产扩展到周年生产，满足人们对新鲜果品周年适时供应的需求，以产量高、品质优、淡季供果售价高的优点，给经营者带来高额的收入，调节市场供应，延长货架期，增加收益；改良种植模式，充分利用光、土地等自然资源和人力资源；有利于发展采摘、观光等休闲农业，促进产业融合；扩大优良品种的栽培区域。广义的桃设施栽培包括促成（早熟）栽培和延迟（晚熟）栽培，目前以促成栽培为主，延迟栽培也有较快发展。

一、主要设施类型

（一）日光温室

酒泉李光桃设施栽培应用的温室主要为塑料薄膜日光温室（彩图 15），尤其是近几年推广的高效节能塑料薄膜日光温室，它是桃设施栽培最常见的类型，具有采光好、保温性能强、经久耐用、取材容易、造价较低、可因地制宜等优点。它主要用于桃的促成栽培，一般可使桃提早成熟 40～60d。肃州区、金塔县、玉门市等地均有种植，一般结构为坐北向南，偏西 5°～10°，东西长 50～80m，跨度 8～10m，脊高 4m 左右，后墙高 3.2m 左右。

（二）塑料大棚

塑料大棚（彩图 16）完全用塑料薄膜覆盖，一般不加盖其他不透明覆盖物，保温性较差，促成栽培效果不够明显，一般比露地可以提早成熟 15～20d。优点为光照较日光温室好，投资较少，建造容易，果实品质较好。玉门恒旺循环农业园区景旺瓜果蔬农民专业合作社内的塑料大棚，南北长 80m，东西跨度 10m，脊高 2.9～3.5m，冬季在棚内采用棚膜＋二道膜＋小拱棚等多层覆盖，可不加温越冬。

（三）连栋温室

连栋温室（彩图 17）是温室的一种升级存在，其实就是一种超级大温室，把原有的独立单间温室，用科学的手段、合理的设计、优秀的材料将原有的独立单间模式温室连起来。连栋温室大棚每一个圆拱（或者几个尖顶）为一跨，多个跨度通过天沟连接在一起就形成了多栋连栋温室大棚。常规的连栋温室大棚东西为跨度、南北为开间。与传统温室相比，以连栋形式存在的温室、大棚利用空间是一个亮点，其利用面积远大于传统温室，土地利用率基本达到了95%以上，在我国这个地少人多的国家显得尤为重要。管理方面，较传统温室更统一、操作更科学、节约时间、提高效率。连栋温室在冬季进行越冬生产时，必须要有加温设备进行加温才能满足夜间的生产。设施桃生产需双层薄膜，甚至多层覆盖以顺利越冬。利用连栋温室进行李光桃栽培并与休闲农业结合，开展品牌营销，可避免运行成本过高。

二、设施栽培类型

（一）促早栽培

目前，生产中大部分以促早成熟为目的，利用设施采取相应管理，尽快使桃树进入休眠或缩短休眠时间，然后创造生长发育所需的光、温、水等条件，使其早发芽、早结果、早成熟、早上市。一般4月初至5月底上市，比露地栽培提早40～60d上市。

（二）延迟栽培

延迟栽培就是通过遮阴、降温（冰墙降温、空调降温）和化学药剂处理等，使桃树处于被迫休眠状态，推迟发芽、开花和果实膨大，最终延迟果实成熟，或在桃果硬核后，通过降低温度，延长果实发育天数。在早霜来临较早的地区，也有通过设施避开霜害，为果实发育创造适宜的条件，达到淡季上市的目的。

三、品种选择

（一）品种选择的依据

1. 设施内的环境条件 设施栽培中，由于设施骨架的遮光和塑料膜等覆盖物对光的吸收、反射、阻挡，光照度明显比外界自然环境低，且直射光少，散射光偏多，温度和湿度均高于露地条件。所以，设施内特殊的生态环境，要求所选择的品种具有较强的耐弱光性能，在散射光和高温、高湿的环境条件下，能够达到生长势中庸，正常生长、结果与成熟。

2. 综合性状优良 选择果大、味浓、色艳、丰产的优良品种，但不同地区因气候和市场不同应有所侧重。如偏南边的地区应首先考虑成熟期，即以早熟品种为主，而北方地区选择范围比较大，可考虑品种的果个、风味和贮运性等，利用能较早结束休眠的有利条件进行规模化种植，同时考虑品种的贮运能力和成熟期搭配。

3. 设施栽培的类型 以促早栽培为目的的设施类型，设施桃应在本地和南方地区的露地桃上市之前成熟，应选择休眠期短的极早熟和早熟品种。酒泉促早栽培一般选用果实发育期在90d以内的品种，果实发育期可适当延长。不同的桃品种，完成自然休眠的时间各不相同，其范围为500～1 300h。自然休眠期短的品种在设施中完成休眠较早，发芽也早，能达到提早成熟、早上市的目的。

以延迟栽培为目的，应选择晚熟和极晚熟耐贮运品种，以达到延迟成熟，延迟采收，提高效益。

4. 配置授粉树 设施栽培没有昆虫传粉，棚内相对湿度较高，要尽可能选择花粉量大且自花授粉坐果率高的品种，并注意配好授粉树。人工授粉时，花粉与面粉或干燥细淀粉比例为1∶(2～5)，授粉品种最好与主栽品种需冷量相同或略短，花粉量大。若采用昆虫授粉时要注意出蛰期与开花期要一致。

5. 市场与消费需求 各地区消费习惯不同，应根据当地的消费习惯，选择消费者喜欢的品种。

（二）适合设施栽培的主要品种

良种是设施桃优质丰产的基础和前提，总的要求是：树势中庸，树形紧凑或矮化，自花结实率高，丰产，综合经济性状优良，抗病虫，适应设施弱光、多湿等不良环境条件。不同设施栽培类型要求略有不同，温室促早栽培特别是可控温高档温室，为获得极早熟反季桃，要求品种“三短一优一强”，即要求品种果实发育期、休眠期（需冷量）、升温至盛花期时间（需热量）要短，果品综合经济性状要优，对弱光、多温、变温适应性要强。塑料大棚促早栽培应选择早熟、个大质优及有特色的桃品种，如蟠桃、油蟠桃等。延迟栽培应选择极晚熟、果个大、品质优、耐贮运、丰产性好的品种。

设施栽培主要是促早栽培，主要品种如下：

1. 李光桃（油桃）　早李光、紫胭瑞玉（兰州 8 月初，100～110d）、中油 5 号、中油 4 号、中油 12、中农金辉、金硕、超红珠、双喜红等。

2. 蟠桃　李光蟠桃、风味皇后、风味太后、中油蟠 7 号、贵妃蟠桃 8 号等。

延迟栽培可选择：酒香 1 号、酒育红光 1 号、大青皮、紫胭脆桃、紫胭瑞秋、紫胭瑞阳等品种。

第二节　设施栽培技术要点

一、苗木定植

1. 栽植密度　设施栽培是集约化栽培，因此宜采用密植栽培，株行距为 1.0m×1.5m、1.0m×2.0m、1.5m×2.0m、0.8m×2.0m、1.0m×2.5m，具体可根据地力、管理水平及整形方式而定。

2. 挖定植沟　日光温室和大棚均按南北行向栽植。定植沟深、宽各为 50～60cm，沟内下半部填表土，上半部填底土，两者均与优质有机肥搅拌。每亩施入腐熟有机肥 1 500kg。填好定植沟后，最好灌 1 次透水，将沟内土壤沉实方可栽苗。

3. 苗木准备　应选用一级苗木，苗木粗壮，芽饱满，根系发达。

4. 苗木处理　对于长途运输买入的苗木，栽植前应修剪根系和用水浸泡，使苗木吸足水。将苗木在 1%硫酸铜溶液中浸 5min，再放到 2%石灰液中浸 2min。也可用放射土壤杆菌处理。

5. 栽植时期　西北地区栽植均以春栽为宜。

二、整形修剪技术

1. 树形　适宜树形为二主枝开心形和主干形。一般近日光温室的南端和大棚的东西边缘采用开心形，其他位置采用主干形。

（1）二主枝开心形（Y形）。因为棚内株行距较小，常采用两个主枝的开心形，即Y形。

主干高30～40cm。芽苗生长到40～50cm时摘心，选留生长健壮、东西向延伸、长势相近的两个新梢作主枝培养，主枝角度40°。主梢40～50cm时摘心，促发二次枝。第1年冬剪时，在长约80cm处选饱满芽短截，使延长枝的枝头能旺盛生长。距树干30～35cm处选1个健壮枝作为第1侧枝或第1个大的结果枝组，留4～5个芽重短截，促发旺枝，其余枝轻剪，使其结果。第1侧枝的伸展方向要和另一主枝上的侧枝错开，即1个向南、1个向北。第2侧枝距第1侧枝30～35cm，方位与第1侧枝相对。

（2）主干形。整形过程与露地栽培的主干形基本相同，但其高度较低，为1.2～1.5m，根据其在设施内的不同位置而异。

2. 修剪技术

（1）覆膜升温前的修剪。疏除扰乱树形的大枝，调整主枝角度。为保证翌年有较高产量，采用长枝修剪技术尽量多留枝。疏除或拉平背上中、长果枝，长放中、长果枝，疏除无花枝、病虫枝、过密枝和重叠枝。

（2）覆膜期间的修剪。由于设施内高温多湿，萌芽率明显提高，应防止新梢徒长。萌芽时及时抹去位置不当过密的萌芽和嫩梢。坐果后，新梢长至10cm时，喷15%多效唑可湿性粉剂300倍液，或长到20cm时反复摘心，疏除下垂枝、过密枝和无果枝。

（3）去膜后修剪。桃树采果后，对结果枝进行短截修剪，促发新的结果枝。一般在结果枝基部留2～3个芽短截。疏去大的结果枝组，并保留30cm左右的新梢2～3个。更新修剪后极易发生上强现象，导致结果部位外移，应及时疏除上强部位的竞争枝及过密枝。

三、土肥水管理

1. 土壤管理 设施栽培条件下，土壤温度较低，吸收能力较差，而深翻扩畦可为根系创造一个土层深厚、土质疏松肥沃的土地条件，是设施桃稳产和优质栽培的基础。

（1）深翻。深翻时期以秋季为宜，并可结合秋施基肥进行。深翻一般在定植沟以外，宽 40cm、深 40～50cm 即可，经 2～3 年可将行间全部深翻。

（2）中耕。设施内一般铺设地膜，透气性差，通过中耕可以增加土壤通透性，有利于根系活动。中耕深度一般为 5～10cm，多在灌水后进行。

2. 施肥

（1）施肥种类。有机肥料包括人粪尿、鸡（或猪、牛、马、羊）粪、绿肥、草木灰以及各种饼肥，主要用作基肥。无机肥料有氮、磷、钾及其他元素的化学肥料，常用作追肥。设施栽培主要施入有机肥料，尽量不施或少施化肥，尤其是氮肥。

（2）施肥时期。

①基肥。应在 9 月上旬施入为宜，因为此时正值根系的第二个生长高峰。

②追肥。一是升温前。如果秋施基肥不足，可以再追施复合肥。二是硬核前。新梢生长与果实生长同步进行，如果养分不足，影响幼果与果核生长，产生落果。追施磷、钾肥，促进胚和核的发育。可采用叶面喷施，1 周后再喷 1 次。此期不宜施肥量太大，尤其是不宜施过量氮肥，因其易刺激新梢旺长，造成落果。三是果实膨大期。以钾肥为主，配合追施氮肥，增进果实品质。如果有机肥施入量多，可以不施氮肥。

（3）施肥量。下面的施肥量仅供参考。基肥每亩施优质有机肥（鸡粪或与其他肥料混合施）8 000～12 000kg，另加入过磷酸钙 100kg、硼砂 3kg、硫酸亚铁 4kg。追肥在花前每亩施尿素 15kg 或不施，硬核期每亩施三元复合肥 25～30kg（氮：磷：钾＝1：1：2），果实膨大期施钾肥 100kg 左右。

（4）施肥方法。基肥采用沟施法。在树冠投影边缘挖深 40cm、宽 40cm 的沟，将充分腐熟的有机肥与土混合后填入沟内，然后覆土并灌水（行施）。

追肥可采用沟施（沟深 10～20cm，施后覆土）和穴施（在树冠投影内挖数个穴）。追肥后立即灌水。从幼果膨大至果实成熟期间，每隔 15d 喷 1 次 0.3%磷酸二氢钾溶液。

3. 灌水与排水 灌水应依据各个物候期对水分的要求，结合土壤条件和施肥来确定，一般有 5～6 次。

升温前设施内灌 1 次水，以后分别为萌芽期、硬核期、果实第二次膨大期、采收后（根据干旱情况而定）和封冻水。采取少量多次的方法均衡灌水，可防止枝条徒长和果实裂果，且有利于果实着色。每次施肥后要进行灌水。果实采收前 7～10d 禁止灌水，果定成熟期间，土壤含水量应控制在 60%～80%，否则品质下降。尤其是油桃品种要注意水分均衡供应，勿用大水，以防裂果。桃树怕涝，雨季必须注意及时排水。

四、温、湿度要求与调控

设施李光桃各生长阶段温、湿度调控要求见表 9－1。

表 9－1 设施李光桃各生长阶段温、湿度调控要求

生育期	白天温度（℃）	夜间温度（℃）	湿度（%）
休眠期	5～10	3～6	
催芽期	10～23	3～10	70～80
萌芽期	10～23	≥5	70～80
开花期	15～22	5～10	50～60
新梢开始生长期	15～25	8～15	50～60
硬核期	15～25	10	60
果实迅速膨大期	15～28	10	60
果实着色期	15～30	15	
果实采收期	30	10～15	60

1. 温度要求与调控 通过加盖不透明覆盖材料为设施保温。

通风换气为设施降温。

（1）空气温度。

①反保温期。在酒泉地区，10 月中下旬开始扣棚，白天装保温被，晚上卷起并打开通风口，保证棚内温度小于 7℃，经 1.0～1.5 个月，可通过自然休眠。

②扣棚升温至开花前。一般在酒泉地区，需冷量 800h 的桃品种通过休眠的时间为翌年 1 月 5 日。如果进行了反保温处理，可在 12 月中旬通过休眠。也就是说，如果经过反保温处理，升温的时间为 12 月上中旬；如果没有进行处理，一般在翌年 1 月上旬进行升温。此时期的温度关系花芽能否正常膨大萌动、花粉粒能否形成、开花是否正常、坐果率是否高。如果此时温度过高，将会导致物候期进程太快，不能形成正常花粉粒，花粉减少或无花粉，生活力降低，花小，柱头和子房发育不完全，坐果率低，导致花而不实，开花不齐，花期长，且先长叶后开花。

升温初期常分为 3 个阶段。

第一阶段是白天，只拉起少量保温被，掀起部分保温被前沿，设施内透过少量日光进行升温。室温保持在白天 13～15℃，夜间 6～8℃，不低于 0℃，持续 5～7d。

第二阶段是多拉起一些保温被，保温被前沿全部掀起，室温保持在白天 16～18℃，夜间 7～10℃，持续 5～7d。

第三阶段是拉起多数保温被，经常打开天窗排湿、降温。室温保持在白天 20～25℃，夜间 7～10℃，直到桃开花为止，持续 20d 左右。

无保温的塑料大棚升温时间在 2 月中旬左右。升温后的温、湿度调控基本同日光温室。

③开花期。开花期对温度较严格。一般要求最适温度白天为 15～20℃，最好是 18℃，最多不高于 25℃，比较有利于蜜蜂活动。如果超过 22℃就要通风降温，夜间温度为 8～10℃，不低于 5℃。如果温度不足，花粉管生长慢，到达胚囊前，胚囊已失去受精能力。温度过低会造成花器低温伤害。温度过高，可育花粉减少，影

响授粉和坐果，也会导致柱头干枯快，影响授粉受精和坐果率。此期应注意天气预报，加强夜间保温。

④果实发育期。幼果期温度一般白天22～24℃，夜间10～15℃。从果实着色期开始，温度白天控制在26℃左右，最高不超过28℃，夜温10～14℃，不低于8℃，昼夜温差保持10～15℃。对于不易着色的品种，采前10d到采收期，温度白天24～25℃，夜间8～12℃，温差保持15℃为宜，以免果实尚未着色就过早变软。此期主要防止白天温度过高而引起新梢徒长、果实落果加重及果实生理障碍。

果实成熟前露地气温已经较高，可以采用晚放苫或不放苫或夜间加大通风量等方法降低夜温，外界夜温稳定在10℃以上时，及时撤除棚膜。降低夜温和保持一定的昼夜温差，有利于减少呼吸消耗，积累更多糖分，促进果实着色。

注意阴天时也要揭开保温被，遇到连阴天要辅助加温和光照。

（2）土壤温度。土壤温度在5℃以上根系就能顺利地吸收并同化氮素，15～20℃是桃根系生长适宜的温度。设施栽培前期，空气温度上升快，为5～10℃，需提高地温以达到根系生长和开花长叶的平衡。否则出现萌芽迟缓，不整齐，影响坐果率。因此，覆膜前后加强土壤温度管理，尽快提高地温，使地温和气温协调一致。主要措施是覆膜前20～30d，先充分灌水，然后覆盖地膜。

2. 湿度要求与调控

（1）空气湿度。不同生长发育阶段对设施内空气湿度的要求不同。一般空气相对湿度在始期75%～85%，萌芽期70%～80%，开花期50%～60%，以后小于60%。控制开花期的湿度很重要，湿度太大易滋生病菌，发生花腐病，花粉不易散开，影响授粉效果。但湿度过小，柱头分泌物少，也影响花粉发芽。

①降低湿度的方法。设施内湿度过高，可以采用覆盖地膜或覆草，这样既可以减少水分蒸发，又可以提高地温；应减少直接灌水，采用膜下灌水和滴灌技术；还可以通过通风的方法，排出水蒸气，降低室内空气湿度。另外，在病虫害防治方面，改喷雾法为喷

粉法。

②增加湿度的方法。如设施内湿度不足，用地面灌水、室内喷雾等方法增加湿度，以保证桃生长发育的需要。

（2）土壤湿度。设施经覆盖后挡住了自然降水，土壤水分完全可以人为调控；另外，由于地面蒸发失水少，土壤湿度相对稳定。设施内主要防止土壤过湿，一般土壤水分保持田间最大持水量的60%～80%。

五、光照要求与调控

光照不仅是光合作用的主要能源，还直接影响设施的温度及湿度。白天主要靠太阳给设施内加温，夜间靠覆盖来保温。可采用以下措施增加光照。

1. 选用优质棚膜　选用透光率高的无滴膜，其透光率比有滴膜提高近20%，设施内温度也提高2～4℃，成熟早，品质好。

2. 滴灌与地膜覆盖相结合　滴灌与地膜覆盖相结合可减少土壤水分蒸发，桃树可得到充足的水分供应，果实发育良好。同时，地膜反光也可以使下部枝叶和果实得到散射光，有利于着色和风味提高。降低空气湿度也可减轻病害的发生。

3. 挂反光幕、地面铺反光膜　日光温室后墙张挂反光幕，可以反射照射在墙体上的光线，增加光照25%左右。地面铺反光膜可以反射下部的直射光，有利于加强树冠中下部叶片的光合作用，增加光合产物，提高果实质量。

4. 连阴雨天补充光照　阴天散射光也有增光、增温作用，需揭苫见光。如阴天持续时间超过3～4d时要补充光照。可采用碘钨灯、灯泡照明。一般每333m^{2}日光温室可均匀挂1 000W碘钨灯3～4个或100W灯泡10～15个进行辅助补光。

5. 正确掌握揭盖保温被的时间　应做到早揭晚盖，尽量延长光照时间，原则上以揭开保温被后室内温度短时间下降1～2℃，随后温度即回升比较合适。

6. 其他　培养良好的桃群体结构和适宜的枝叶密度，及时清洗无滴膜上的尘埃和保温被碎屑。

六、气体要求与调控

1. 对二氧化碳的需求及调控 设施内二氧化碳气体浓度对光合作用的产物有很大影响。大量试验证明，晴天时二氧化碳浓度为1 000～1 500g/m^3，阴天时为500～1 000g/m^3。所以，设施内二氧化碳气体的调控是桃设施栽培的一项关键技术。二氧化碳施入的关键时期是果实膨大期。

增加设施内二氧化碳浓度的方法为：一是通风换气，使设施内气体与外界气体进行交换，二氧化碳浓度恢复到与外界二氧化碳浓度相同的水平。二是增施有机肥料，有机肥料腐烂后分解产生大量二氧化碳，一般1t有机物最终能释放1.5t二氧化碳。三是人工增加设施内的二氧化碳浓度。

2. 有害、有毒气体及其控制 设施内的有害气体主要有氨气、亚硝酸气体、氯气、二氧化硫、一氧化碳等，这些气体积累到一定浓度将对桃植株造成危害。氨气主要来自所施尿素的分解，氨气进一步分解，导致亚硝酸气体的形成。氯气来自聚氯乙烯等含氯薄膜材料的挥发。二氧化硫和一氧化碳主要由设施加温时燃料燃烧不充分所形成，或加温设备漏气造成。

设施内有害、有毒气体的控制措施：一是要科学施肥。少施化肥，尤其是尿素。施用时要少量多次，施用有机肥要经过充分腐熟。二是注意通风换气。通过通风换气排除设施内的有害气体。三是选用质量较好的薄膜，防止有害气体的挥发。四是温室加温时，保证加温设备通畅、不漏气，燃料充分燃烧。

七、花果管理

1. 提高坐果率 桃树有花粉的品种均可自花结实。但设施内湿度大，花粉不易散开，又没有天然授粉昆虫进行传粉，需要进行人工授粉。如果是无花粉品种，更要进行人工授粉。

（1）人工授粉。

①花粉制备。在主栽品种开花前1～2d，采集授粉品种大蕾期的花蕾（俗称大气球花）。把花蕾掰开，用手轻拨，把花药剥到光滑的纸上（如硫酸纸），阴干24h后，花粉粒自动散开。然后装在干净干燥的小瓶里，用塑料袋扎口（有条件的可放在干燥器内），放在冰箱中冷藏备用。

②授粉工具。毛笔、铅笔橡皮头、气门芯（用铁丝、铝线或木条穿上，前端反卷）等软质、有弹性又有一定吸附性的物质。

③授粉时间。从初花期至盛花期均可，每天上午和下午均可进行授粉，可连续授粉5～7d。

④授粉方法。与露地栽培的桃授粉基本一样。一般点授刚开的花，其柱头上黏液较多，易黏上花粉。但是在设施内由于风力较小，柱头上的黏液不易被吹干。

（2）昆虫授粉。蜜蜂的耐湿性差，趋光性强，会经常向上飞，趴在薄膜上，不访问花朵，不久便会大片死亡。所以，蜜蜂数量要比露地多，一般每亩放蜜蜂2箱以上。壁蜂效果比蜜蜂好，设施桃每亩用壁蜂400头左右。熊蜂采集花粉力强，耐低温和低光照，是设施桃树授粉的最佳选择。试验结果表明，小峰熊蜂对温室桃授粉性能稳定，授粉效率较高。

2. 疏果　盛花后20d左右开始疏果，一般早熟品种，长果枝留3～4个果，中果枝留2～3个果，短果枝留1个果或不留果。疏果方法基本上同露地栽培，每亩产量控制在2 500～3 000kg。

3. 促进果实着色

（1）套袋。需要套袋的品种疏果完成后进行果实套袋，成熟前1周去袋。

（2）吊枝、拉枝。从果实着色开始，将结果枝或结果枝组吊起，使原来不能见到光或见光差的果实均能见到直射光，促进树冠内外果实良好着色。

（3）着色前修剪与摘叶。从果实着色开始，对影响果实着色的新梢进行短截或疏除，摘去遮光的部分叶片，使果实全面着色。可在成熟前10～20d摘掉果实上面的遮光叶片，摘除量为8%～

15%。先摘除贴果叶片及距果实5cm范围内的叶片。5～10d后，再摘除距果实5～10cm范围内的遮光叶片。摘叶不能太早。摘叶要选择阴天、多云天气或晴天14：30后温度较低时进行。

(4) 张挂与铺反光膜。果实着色期，开始张挂反光膜，地面铺设反光膜，有利于近北侧和树冠下部的果实着色。

(5) 果面贴字。在着色前将事先准备好的“福”“禄”“吉”“祥”“恭喜发财”等字样贴在果实上，以提高果实的商品价值。

八、病虫害防治

1. 设施栽培病虫害的发生特点

(1) 发生期提前。设施内温度较高，随着桃树生长发育时期的变化，病虫害的发生也随之改变。大部分病虫随着设施内温度的升高而发生或出蛰危害，病虫害发生时间一般比露地提前30～40d。

(2) 病害重。设施中的桃树与露地生长的桃树相比，由于光照时间短、强度低、湿度大、湿度常达饱和状态，因此既适合高温、高湿性病害发生，又适合低温、高湿性病害发生。设施栽培桃主要病害有桃细菌性穿孔病、桃流胶病、桃疮痂病、桃褐腐病等。

(3) 虫害有轻有重。桃蚜、山楂叶螨、桃潜叶蛾等为设施栽培桃主要害虫。设施内对某些虫害的发生不利，如潜叶蛾、叶蝉类适宜高温和干旱气候，在设施内一般不会造成严重危害，但在去膜后将会有发生高峰。设施栽培虽适宜食叶害虫生长，但由于在设施内生活期较短，如潜叶蛾、卷叶蛾等只能发生1代。因此，在覆膜期间一般不会造成严重危害。对蚜虫而言，设施是其适宜生存环境，其越冬卵在花芽膨大时孵化，在花芽或叶芽上危害，繁殖速度快，若防治不及时，可能会造成严重发生。

2. 病虫害综合防治

(1) 防治原则。一是坚持“预防为主”。设施内湿度大，光照差，易徒长，抗性差，真菌性病害较多，要注意通风排湿，改善光照条件。二是设施内相对密闭，便于采用烟雾剂，但要注意避免药害发生。三是设施内温度高，通风差，注意使用农药的浓度要略低于露地栽培。四是多施有机肥，增强树势。

（2）防治技术。一是冬剪后，清除枯枝落叶和杂草，创造低虫卵、少病原的环境。二是升温至萌芽前，用较高浓度的杀虫和灭菌烟雾剂进行温室消毒或喷每千克石硫合剂原液兑水 6 千克。三是萌芽后至开花前（蕾期）喷施吡虫啉防治蚜虫。四是果实豆粒大小时，喷 1 次 50%多菌灵可湿性粉剂 800 倍液或 80%代森锰锌可湿性粉剂 600 倍液，防治主要病害。

①褐腐病的防治。刚升温后，用每千克石硫合剂原液兑水 6～8 千克，全树喷施。开花前 1 周及落花后 10d 左右是防治此病的重要时期，全树喷 50%多菌灵可湿性粉剂 800 倍液＋3%多抗霉素水剂 500 倍液、5%已唑醇乳油 2 000 倍液＋65%代森锌可湿性粉剂 500 倍液、25%戊唑醇可湿性粉剂 1 500 倍液＋70%丙森锌可湿性粉剂 700 倍液、24%腈苯唑悬浮剂 2 500 倍液防治。此外，在灌水后和阴雨天一定要做好通风排湿工作，以减少病害的发生和传播。

②灰霉病的防治。萌芽后至开花前喷 3%多抗霉素水剂 500 倍液＋70%甲基硫菌灵可湿性粉剂 1 000 倍液、3%多抗霉素水剂 500 倍液＋50%多菌灵可湿性粉剂 800 倍液；落花后 7～10d 全树喷 30%嘧霉胺·福美双悬浮剂 750 倍液、50%异菌脲可湿性粉剂 1 000 倍液、50%乙烯菌核利可湿性粉剂 1 000 倍液，隔 10～15d 喷 1 次，共喷 2～3 次。

③其他。喷施阿维菌素类防治叶螨（山楂红蜘蛛和二斑叶螨）。喷硫酸链霉素或硫酸锌石灰液防治细菌性穿孔病。喷施多菌灵和代森锰锌防治真菌性穿孔病。

九、桃设施栽培中新技术的应用

1. 打破休眠的方法

（1）低温处理。如进行容器栽培（如花盆或木桶），在落叶前，提早把容器移至冷库中。温度比外界略低，以后逐渐下降，以 5～6℃效果最好。低温处理在以色列、意大利、日本等国都有应用。我国目前多用于盆栽观赏桃，也可以用于盆栽桃果于春节成熟或一年四季控制成熟。在条件允许的情况下，也可以在温室内放入冰块或用冷气使桃树提前落叶。

（2）控水和遮阴。秋后干旱控水，可促使休眠期提早结束。在酒泉地区9—10月雨水一般少，桃树处于相对干旱的条件下，在正常落叶前10～20d扣棚，保温被起到遮光、降温和隔热的作用。前期白天放苫遮光，晚间收苫通风，中后期温度较低时，白天降温，夜间保温、使设施内温度保持在5～6℃。在北纬35°偏北地区，10月上旬可进行此项工作，北纬40°地区9月中旬即可进行。

（3）增大昼夜温差，促进落叶。增加白天和夜间设施内的温差也能促进早落叶。规模大的设施桃可以用冷气来降温。有的采用活动冷管，降温落叶后再移入另一设施中。设施降温后，进入休眠。注意用遮阳网或保温被遮光降温，防止温度回升，引起二次开花。降温时间根据各地气候、树龄不同有所差异，一般在当地正常开始落叶前20d左右进行。白天遮阴、夜间放风或其他降温措施促使早落叶。

（4）化学药剂处理。化学物质（矿物油、含氮化合物、含硫化合物和植物生长调节剂）可以代替低温打破休眠。在桃树栽培上施用尿素加硝酸钾能有效地打破休眠。升温时全树喷1.5%的单氰氨水剂80倍液，可以促使桃树提前1周开花，缩短需冷量。

2. 人工增施二氧化碳气肥技术

（1）采用二氧化碳发生器。设施栽培中二氧化碳气体肥料施用主要用稀硫酸与碳酸氢铵反应，最终产物二氧化碳直接施用于设施中，同时产生的硫酸铵又可作为化肥施用。此设备可通过反应物投放量控制二氧化碳生成量，二氧化碳产生迅速，产气量大，简便易行，价格适中，应用效果较好，是非常实用的二氧化碳发生装置。

（2）采用二氧化碳简易装置。即在温室内每隔7～8m吊置1个废弃的塑料盆或桶，高度一般为1.5m左右，倒入适量的稀硫酸，随时加入碳酸氢铵释放二氧化碳气体。

（3）施用液体二氧化碳及二氧化碳颗粒气肥。设施桃栽培二氧化碳施用时期一般在幼果膨大期、果实着色期和成熟期。二氧化碳气肥一般在揭帘后 30min 左右开始施用。4 月上中旬以后，夜间不覆盖保温被时，一般在日出后 1h 后，设施内温度达到 20℃以上时开始施用，开始通风前 30min 停止施用。二氧化碳气肥施用浓度应根据天气情况进行调整，晴天温度较高，二氧化碳施用浓度要高些，一般为 800～1 200g/m^3，阴天施用浓度要低些，一般为 600g/m^3 左右。如果是阴天且设施内温度较低，一般不要施用二氧化碳，以免发生二氧化碳中毒。

3. 合理应用植物生长调节剂　抑制新梢生长，促进成花应用最多的是多效唑，使用时应特别注意以下几点：①不同品种对多效唑敏感性不同，喷布浓度和着药量应有区别；②树龄、树势不同及枝条疏密不同，喷药量应有区别；③重视喷药质量，要求雾化好，着药均匀，重点喷新梢生长点，严防药液大量落地污染；④严格掌握喷布时期和喷布浓度及次数。

提高坐果率，促进幼果生长，应用最多的是赤霉素，花期至幼果期喷 1～2 次，均匀喷到新梢和花朵上，欲滴为度；坐果率高、生长势强的品种不喷或少喷，防止新梢徒长。

生长调节剂不是万能的，有一定的局限性甚至负面影响，如多效唑可能导致畸形果，翌年生长停滞、二次开花；赤霉素可能导致裂核、裂果、畸形果、新梢徒长等，只有在加强综合管理的基础上，严格使用规程，才能达到较理想的效果。

4. 其他方法　滴灌、多层覆盖技术在桃设施栽培中已开始得到应用。滴灌技术具有节约用水、降低设施内的空气湿度、节约劳力、提高肥效、防止土壤板结和促进桃提早萌芽的优点。多层覆盖技术就是利用透明覆盖材料，大棚内扣中棚，中棚内扣小棚，小棚内进行地膜覆盖，利用 2 种以上不透明覆盖材料配合使用。多层覆盖可大大提高设施内的温度，提早桃萌芽、开花和结果，提早成熟上市，提高经济效益。

附录

酒泉市李光桃周年管理历

4—5 月（花期）

1. 花后实施追肥、灌水，花期防晚霜冻，沙尘后清洁桃树。部分桃树要进行人工辅助授粉。

技术要点：桃树开花早，花对霜冻抵抗力弱，易遭晚霜侵害。防晚霜的主要措施有霜前浇水，树上喷水，最好的办法是花前树上喷施天达 2116 植物细胞膜稳态剂（果树专用型），提高树体的抗逆能力，减轻或防止冻害的发生。同时天达 2116（果树专用型）还有提高坐果率和促进幼果生长发育的功效。另外，充分利用扬沙天气，等到气温回升后及时进行树体清洁。

对一些自花结实率低的品种（如仓方早生、砂子早生、北京 2 号等）要采取人工辅助授粉的办法解决。把疏下来的铃铛花的花粉收集起来，在室内晾干，当花开时进行人工点授。

2. 谢花后 10d，喷 1 次氨基酸微肥 500 倍液加磷酸二氢钾 300 倍液，连喷 1～2 次，可减轻桃尤其是晚熟桃裂果，并可增产。

3. 进行病虫害预防检查，防治蚜虫、螨类、桃小、梨小虫等和细菌性穿孔病、流胶病等。

5—6 月（新梢速长期）

1. 6 月上旬开始疏果、早熟品种进行果实套袋。

2. 喷 1～2 次叶面肥（尿素、磷酸二氢钾、微肥等）。

3. 早熟桃 6 月中旬施硬核肥，施后灌水松土。

4. 5 月下旬至 6 月中旬开始夏季修剪（摘心、环缢、捋枝等）。

5. 防治桃红蜘蛛、桃蛀螟等。

技术要点：疏果时间为 6 月上旬，当幼果能分出大小果时进行第 1 次疏果，坐果率高的品种可早疏，坐果率低而不稳的品种要晚疏。目前疏果主要以人工为主。留果量要根据树龄、品种、树冠大小、生长势、肥水供应条件、上年产量及当年的开花数量等因素综合考虑，幼树要在扩冠形成骨架和均衡树势的基础上提高产量。30～40cm 的果枝一般留 3～4 个果，20～30cm 的果枝留 2～3 个果，20cm 以下的果枝留 1～2 个果。盛果期树长果枝留 2 个果，中果枝留 1 个果，短果枝和叶丛枝不留果。

6—7 月（果实膨大期）

1. 7 月上旬前完成第 1 次夏季修剪，晚熟品种完成套袋。

2. 果园覆草。

3. 7 月中旬开始采摘早熟品种。

4. 喷药防治一代桃小食心虫、桃二斑叶蝉等虫害。

7—8 月（花芽分化期）

1. 7 月中旬中熟品种采前追肥，结合墒情进行灌水和松土。

2. 7 月中下旬进行第 2 次夏剪。

3. 喷药防治红蜘蛛、蛾类病虫害。

8—9 月（新梢停长期）

1. 8 月上旬追肥浇水、采收中熟品种。

2. 防治二代桃小食心虫等病虫害。

9—10 月（果实成熟期）

1. 早、中熟品种早施基肥。

2. 晚熟品种采收。

3. 叶面喷肥和杀菌剂，保护好叶片。

4. 喷药防治病虫害。

10—11 月（落叶期）

1. 11 月 5 日前施足基肥、灌足封冻水。

2. 全树喷 1 次 40～50 倍的高浓度半量式波尔多液防治桃缩叶病等。

11 月至翌年 2 月（休眠期）

1. 清理保持果园卫生（清除老、病枝、叶，刮除翘皮）。

2. 防止鼠兔牲畜危害。

3 月（萌芽前）

1. 进行冬剪。幼树以整形为主，成年树以均衡树势、维持高产稳产为主。采用的树形主要有自然杯状形、自然开心形、多主枝（3～5 个）自然挺身形和二股四杈形。

2. 涂伤口保护剂。

3. 解冻后及时刨树盘，以疏松土壤利于根系伸展。

4. 3 月下旬（萌芽前）用每千克石硫合剂兑水 6～8 千克喷施，防细菌性穿孔病、缩果病、炭疽病。

主要参考文献
REFERENCES

常永义，朱建兰，1994. 甘肃油桃资源与利用［J］. 作物品种资源（3）：7.
陈淏子，1962. 花镜［M］. 北京：农业出版社 .
陈志远，1979. 果树育种学［M］. 北京：农业出版社 .
谷苞，1986. 河西四郡新农业区的开辟是丝绸之路畅通的关键［J］. 西北史地（20）：1.
姜全，郭继英，郑书旗，1998. 油桃新品种瑞光2号和瑞光3号［J］. 中国果树（3）：5-6.
李锋，刘志虎，于翠萍，等，2014. 油桃中熟新品种酒育红光1号的选育［J］. 中国果树（4）：1-3，85.
李国梁，2006. 扁桃无公害栽培技术［M］. 兰州：读者出版集团 .
马庆州，王俊，2010. 桃新品种及栽培新技术［M］. 郑州：中原农民出版社 .
马寿鹏，刘志虎，冯建森，等，2018. 晚熟李光桃绿色生产关键技术［J］. 林业科技通讯（7）：89-91.
青德厚，1995. 甘肃果树志［M］. 北京：中国农业出版社 .
曲泽州，孙云蔚，1990. 果树种类论［M］. 北京：农业出版社 .
王志强，宗学普，刘淑娥，等，2001. 我国油桃生产发展现状及其对策［J］. 柑橘与亚热带果树信息，17（3）3-6.
吴耕民，1984. 中国温带果树分类学［M］. 北京：农业出版社 .
吴廷桢，郭后安，1996. 河西开发史研究［M］. 兰州：甘肃教育出版社 .
俞德浚，1984. 落叶果树分类学［M］. 上海：上海科学技术出版社 .
张玉星，2008. 果树栽培学各论［M］. 北京：中国农业出版社 .
C. A 斯特斯，1986. 植物分类学与生物系统学［M］. 韦仲新，缪汝槐，谢翰铁译 . 北京：科学出版社 .

图书在版编目（CIP）数据

酒泉李光桃优质高效栽培技术／酒泉市林果服务中心编．—北京：中国农业出版社，2021.1

ISBN 978-7-109-27852-3

Ⅰ.①酒…　Ⅱ.①酒…　Ⅲ.①油桃—果树园艺　Ⅳ.①S662.1

中国版本图书馆 CIP 数据核字（2021）第 019987 号

中国农业出版社出版

地址：北京市朝阳区麦子店街 18 号楼

邮编：100125

责任编辑：李　瑜　黄　宇

版式设计：王　晨　　责任校对：吴丽婷

印刷：中农印务有限公司

版次：2021 年 1 月第 1 版

印次：2021 年 1 月北京第 1 次印刷

发行：新华书店北京发行所

开本：880mm×1230mm　1/32

印张：6.25　　插页：2

字数：170 千字

定价：29.00 元

彩图1　38年生李光桃（拍摄于1998年，当年该树龄38年，该树于2010年死亡，树龄达50年）

彩图2　酒泉悬泉遗址

彩图3　敦煌壁画

彩图4　紫胭脆桃

彩图5　大青皮

彩图6　小青皮

彩图7　麻脆桃

彩图8　酒香1号

彩图9　酒育红光1号

彩图10　甜干桃

彩图11　甜干桃开花状

彩图12　小李光桃

彩图13　绿皮李光桃

彩图 14　李光蟠桃

彩图 15　日光温室李光桃栽培

彩图 16　塑料大棚李光桃栽培

彩图 17　智能连栋温室